W0299268

StudyHelp

StudyHelp

Mathematik Lernheft FOS Hessen

inklusive Lernvideos, Aufgaben und Lösungen

StudyHelp GmbH, Paderborn
WWW.STUDYHELP.DE

1. Auflage

Autor: Sabrina Schaffroth

Redaktion & Satz: Carlo Oberkönig
Kontakt: verlag@studyhelp.de
Umschlaggestaltung, Illustration: StudyHelp GmbH

ISBN 978-3-947-**50624**-8

Inhalt

1 Grundlagen

1.1 Grundrechenarten

Es gibt nicht nur vier Grundrechenarten. Vielmehr zeichnen sich diese durch unterschiedliche Komponenten aus. So solltest du dir die vier folgenden Grundrechenarten und die damit verbundenen Begriffe vergegenwärtigen, um in der Mathematik folgen zu können. Bei den Grundrechenarten müssen wir die Vorzeichen der jeweiligen Komponenten beachten:

Grundrechen-arten

Grundrechenart	Komponenten	Regeln
Addition „+“	$\underbrace{2}_{\text{Summand}} + \underbrace{4}_{\text{Summand}} = \underbrace{6}_{\text{Summe}}$	Ist eine negative Zahl größer als eine positive, ist das Ergebnis negativ.
Subtraktion „–“	$\underbrace{7}_{\text{Minuend}} - \underbrace{3}_{\text{Subtrahend}} = \underbrace{4}_{\text{Differenz}}$	Ist der Minuend größer als der Subtrahend, ist das Ergebnis positiv. Ist der Subtrahend hingegen größer, ist die Differenz negativ.
Multiplikation „·“	$\underbrace{2}_{\text{Faktor}} \cdot \underbrace{3}_{\text{Faktor}} = \underbrace{6}_{\text{Produkt}}$	$(-) \cdot (-) = (+)$ $(-) \cdot (+) = (-)$ $(+) \cdot (-) = (-)$ $(+) \cdot (+) = (+)$
Division „:“ oder „÷“	$\underbrace{4}_{\text{Dividend}} : \underbrace{2}_{\text{Divisor}} = \underbrace{2}_{\text{Quotient}}$	$(-) \div (-) = (+)$ $(-) \div (+) = (-)$ $(+) \div (-) = (-)$ $(+) \div (+) = (+)$

1.2 Mengen

Zahlenmengen

A.1.2 Gerade in Textaufgaben werden wir oftmals nach Lösungsmengen gefragt. Damit du einen Überblick erhältst, wiederholen wir nachfolgend die wichtigsten Zahlenmengen:

- **Natürliche Zahlen** $\mathbb{N}$: ....
- **Ganze Zahlen** $\mathbb{Z}$: ....
- **Rationale Zahlen** $\mathbb{Q}$: ....
- **Reelle Zahlen** $\mathbb{R}$: ....

1.3 Umgang mit Termen

Ausmultiplizieren von Termen

Terme können Zahlen, Variablen, Symbole für mathematische Verknüpfungen sowie Klammern enthalten. Wir können Terme nach bestimmten Regeln zusammenfassen. Ebenso können wir die Klammern unter Einhaltung von Regeln auflösen. Wir betrachten folgenden Term:

$$5 \cdot (3a + 4b)$$

Nach dem **Distributivgesetz** können wir den Term folgendermaßen auflösen und letztlich zusammenfassen:

$$5 \cdot 3a + 5 \cdot 4b = 15a + 20b$$

Vorsicht: Wir können nur Variablen, die gleich sind, addieren oder subtrahieren!

Umgekehrt können wir Terme auch **faktorisieren** - wir wollen also nun Klammern setzen. Hierzu betrachten wir folgenden Term:

$$5x + 3ax$$

Ebenfalls nach dem Distributivgesetz können wir den Term zur folgenden Form umschreiben:

$$x \cdot (5 + 3a)$$

1.4 Rechengesetze

Grundsätzlich gilt immer **Punkt- vor Strichrechnung** und **Potenzieren vor Punktrechnung**. Außerdem berechnen wir Ausdrücke in Klammern immer zuerst.

Des Weiteren gelten die folgenden Rechengesetze:

Rechengesetze

Kommutativgesetz (Vertauschungsgesetz; gilt nur für die Addition und die Multiplikation, nicht für die Subtraktion und Division)

Allgemein:	Beispiel:
$a + b = b + a$	$7 + 2 = 2 + 7$
$a \cdot b = b \cdot a$	$2 \cdot 7 = 7 \cdot 2$

Assoziativgesetz (Vereinigungsgesetz; gilt ebenfalls nur für die Addition und die Multiplikation, nicht für die Subtraktion und Division)

Allgemein:	Beispiel:
$(a + b) + c = a + (b + c)$	$(7 + 2) + 3 = 7 + (2 + 3)$
$(a \cdot b) \cdot c = a \cdot (b \cdot c)$	$(7 \cdot 2) \cdot 3 = 7 \cdot (2 \cdot 3)$

Distributivgesetz (Verteilungsgesetz)

Allgemein:	Beispiel:
$(a + b) \cdot c = a \cdot c + b \cdot c$	$(2 + 3) \cdot 7 = 2 \cdot 7 + 3 \cdot 7$

Aufgaben

A.1.4.1 Multipliziere aus und fasse zusammen.

a) $4 \cdot (a + b)$

b) $-2 \cdot (10x - 3y + 4z)$

c) $(a + b) \cdot (m - n)$

d) $(3m - 2n) \cdot x \cdot (4y - 2z)$

A.1.4.2 Klammere aus oder faktorisiere.

a) $2x - 2y$

b) $26xz + 13xy$

c) $8 \cdot (x + y) + 2 \cdot (x + y)$

d) $ax + ay + bx + by$

1.5 Bruchrechnung

Grundlagen

Ein Bruch besteht aus einem Nenner (steht unter dem Bruchstrich) und einem Zähler (steht über dem Bruchstrich). Der Nenner gibt an, wie viele Teile es von einem Ganzen gibt und der Zähler beschreibt, wie viele Teile davon effektiv genommen wurden.

Beispiel: $\frac{3}{4}\ \left[\frac{\text{Zähler}}{\text{Nenner}}\right]$

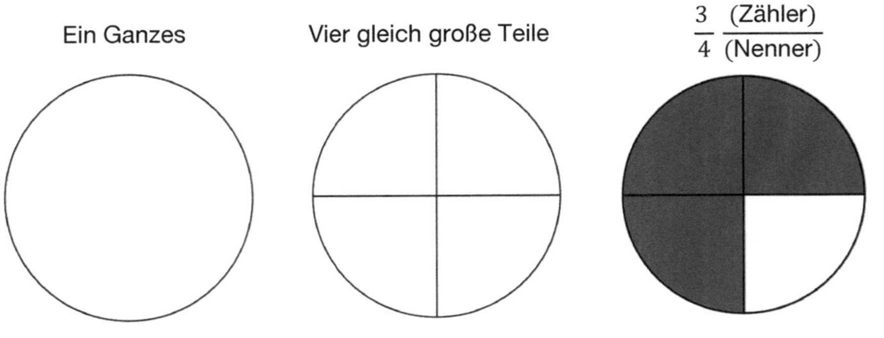

Wie auch bei ganzen Zahlen müssen wir bei Brüchen Rechenregeln beachten:

- Erweitern: Wir erweitern einen Bruch, indem wir sowohl den Zähler (oben) als auch den Nenner (unten) mit der gleichen Zahl multiplizieren. Die Zahl über dem Pfeil gibt an, dass der Bruch mit 2 erweitert wird:

$$\frac{3}{7} \xrightarrow{2} \frac{3 \cdot 2}{7 \cdot 2} = \frac{6}{14}$$

- Kürzen: Wir kürzen einen Bruch, indem wir sowohl den Zähler (oben) als auch den Nenner (unten) durch die gleiche Zahl teilen. Die Zahl unter dem Pfeil gibt an, dass der Bruch mit 9 gekürzt wird:

$$\frac{9}{27} \xrightarrow[9]{} \frac{9 \div 9}{27 \div 9} = \frac{1}{3}$$

- Gemischter Bruch $\leftrightarrow$ Unechter Bruch: Ein gemischter Bruch (Ganze Zahl und Bruch, z.B. $2\frac{1}{4}$) können wir nach dem folgenden Schema in einen unechten Bruch (Zähler > Nenner, der unechte Bruch lässt sich auch zu einem gemischten Bruch umschreiben) umwandeln:

$$2\frac{1}{4} = \frac{2 \cdot 4 + 1}{4} = \frac{9}{4}$$

- Addition: Wir addieren zwei Brüche, indem wir die Nenner (unten) gleichnamig machen und anschließend die beiden Zähler (oben) addieren. Das kgV von 7 und 5 ist 35.

$$\frac{3}{7}+\frac{4}{5}=\frac{3\cdot 5}{7\cdot 5}+\frac{4\cdot 7}{5\cdot 7}=\frac{15}{35}+\frac{28}{35}=\frac{15+28}{35}=\frac{43}{35}$$

- Subtraktion: Wir subtrahieren zwei Brüche, indem wir die Nenner (unten) gleichnamig machen und anschließend die beiden Zähler (oben) voneinander subtrahieren:

$$\frac{4}{5}-\frac{3}{7}=\frac{28}{35}-\frac{15}{35}=\frac{28-15}{35}=\frac{13}{35}$$

- Multiplikation: Wir multiplizieren zwei Brüche, indem wir den Zähler mit dem Zähler und den Nenner mit dem Nenner multiplizieren:

$$\frac{1}{2}\cdot\frac{3}{4}=\frac{1\cdot 3}{2\cdot 4}=\frac{3}{8}$$

  Wir sollten, falls möglich, die Brüche vor der Multiplikation *über Kreuz* kürzen:

$$\frac{3}{7}\cdot\frac{14}{27}=\frac{\cancel{3}\,1\cdot\cancel{14}\,2}{\cancel{7}\,1\cdot\cancel{27}\,9}=\frac{1\cdot 2}{1\cdot 9}=\frac{2}{9}$$

- Division: Wir dividieren zwei Brüche, indem wir bei dem Bruch, durch den geteilt wird, den Zähler und den Nenner vertauschen (Kehrwert bilden) und danach die beiden Brüche miteinander multiplizieren:

$$\frac{3}{7}\div\frac{27}{14}=\frac{3}{7}\cdot\frac{14}{27}=\frac{\cancel{3}\,1\cdot\cancel{14}\,2}{\cancel{7}\,1\cdot\cancel{27}\,9}=\frac{1\cdot 2}{1\cdot 9}=\frac{2}{9}$$

Hinweis: Bitte das Ergebnis bei allen vier Grundrechenarten immer vollständig kürzen!

Aufgaben

A.1.5.1 Berechne und kürze so weit wie möglich.

a) $\frac{1}{2}+\frac{5}{2}$

b) $\frac{4}{5}-\frac{1}{2}$

c) $5\frac{2}{3}-\frac{7}{2}$

d) $\frac{3}{4}+\frac{1}{2+\frac{6}{5}}$

e) $\frac{3}{2}\cdot\frac{6}{9}$

f) $\frac{1}{6}\div 2\frac{1}{5}$

1.6 Potenzgesetze

Einstieg

Potenzgesetze

Eine Potenz besteht aus einer Basis und aus einem Exponenten (Hochzahl), z.B.: $2^4 = 2 \cdot 2 \cdot 2 \cdot 2$. Der Exponent 4 gibt an, wie oft die Basis 2 mit sich selbst multipliziert werden muss. Wir merken uns:

- Befindet sich im Exponent die 0, ist das Ergebnis 1. Somit gilt: $a^0 = 1$. Die Basis a beschreibt eine beliebige Zahl.
- Eine Zahl, welche mit keiner weiteren Zahl multipliziert wird, können wir folgendermaßen ausdrücken: $a^1 = a$.

Potenzgesetze beinhalten die Regeln im Umgang mit Zahlen, die mehrfach mit sich selbst multipliziert werden. Nachfolgend findet sich ein Überblick über die Gesetze:

mit gleicher Basis

- Wir multiplizieren zwei Potenzen mit gleicher Basis, indem wir die Basis beibehalten und die Exponenten addieren:

$$a^m \cdot a^n = a^{m+n}$$

Beispiel: $x^3 \cdot x^4 = x^{3+4} = x^7$

- Wir dividieren zwei Potenzen mit gleicher Basis, indem wir die Basis beibehalten und die Exponenten subtrahieren:

$$a^m \div a^n = \frac{a^m}{a^n} = a^{m-n}$$

Beispiel: $x^5 \div x^3 = x^{5-3} = x^2$

mit gleichem Exponenten

- Zwei Potenzen mit unterschiedlicher Basis und mit gleichem Exponenten dürfen wir nach folgender Regel multiplizieren:

$$a^m \cdot b^m = (a \cdot b)^m$$

Beispiel: $2^3 \cdot 3^3 = (2 \cdot 3)^3 = 6^3 = 216$

- Zwei Potenzen mit unterschiedlicher Basis und mit gleichem Exponenten dürfen wir nach folgender Regel dividieren:

$$a^m \div b^m = (a \div b)^m \quad \text{bzw.} \quad \frac{a^m}{b^m} = \left(\frac{a}{b}\right)^m$$

Beispiel: $6^2 \div 3^2 = (6 \div 3)^2 = 2^2 = 4$

Außerdem gilt:

- Wir potenzieren eine Potenz, indem wir die Exponenten multiplizieren:

$$(a^m)^n = a^{m \cdot n}$$

Beispiel: $(2^2)^2 = 2^{2 \cdot 2} = 2^4 = 16$

- Potenzen mit negativen Exponenten als Bruch darstellen:

$$a^{-n} = \frac{1}{a^n}$$

Beispiel: $2^{-3} = \frac{1}{2^3} = \frac{1}{8}$

- Ebenso können wir Wurzeln zu Potenzen umformen:

$$\sqrt[n]{a^m} = a^{\frac{m}{n}}$$

Beispiel: $\sqrt[3]{x^2} = x^{\frac{2}{3}}$

Notizen

2 Lineare Funktionen/Gleichungen

Lineare Funktionen sind dir vermutlich auch als Geradengleichungen bekannt. Somit gibt der Name bereits an, um welche Art des Graphen es sich handelt, nämlich eine Gerade. Wir können lineare Funktionen demnach im Koordinatensystem als Geraden darstellen.

Übersicht

> Im Allgemeinen hat eine lineare Funktion immer die folgende Gestalt:
>
> $$y = m \cdot x + b$$
>
> mit m als Steigung und b als y-Achsenabschnitt

A.2 Um diese Erkenntnis zu festigen, schauen wir uns die nachfolgenden Funktionen an und bestimmen die Steigung sowie den y-Achsenabschnitt:

$y = f(x) = 2x + 3$

- Steigung $m = \ldots$
- Schnittpunkt mit y-Achse $(\ldots|\ldots)$

$y = g(x) = -0{,}5x + 2$

- Steigung $m = \ldots$
- Schnittpunkt mit y-Achse $(\ldots|\ldots)$

$y = h(x) = 2x - 2$

- Steigung $m = \ldots$
- Schnittpunkt mit y-Achse $(\ldots|\ldots)$

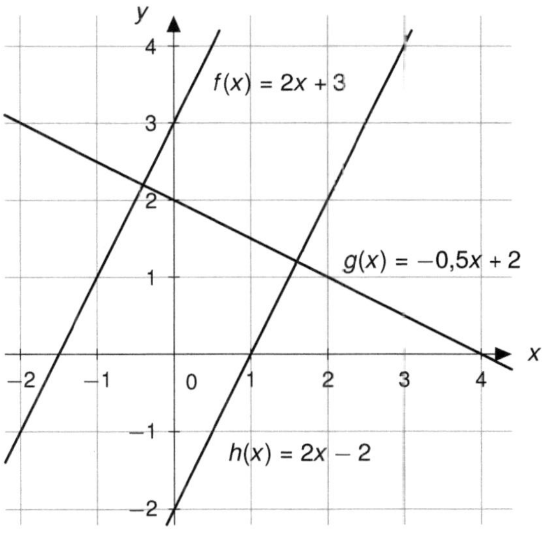

Nachdem wir nun erkannt haben, wie wir die Steigung und den y-Achsenabschnitt bestimmen können, besteht die Frage darin, wie wir unsere Erkenntnisse zeichnerisch umsetzen können.

2.1 Zeichnung

Lineare Funktion zeichnen mit m und y

Wir zeichnen lineare Funktionen, indem wir den ersten Punkt im y-Achsenabschnitt ansetzen. Von dort aus bilden wir ein **Steigungsdreieck**. Dabei betrachten wir die Steigung als Bruch.

Für $f(x) = 2x + 3$ bedeutet das, dass $m = \frac{2}{1}$ ist. Der **Nenner**, also die 1, gibt die Anzahl der Schritte an, die **nach rechts** zu gehen sind. Der **Zähler**, also die 2, gibt Auskunft über die Anzahl der Schritte, die **nach oben** zu gehen sind. Dies ist der **zweite Punkt**. Eine Gerade durch diese beiden Punkte bildet die Funktion $f(x)$.

Ist die **Steigung negativ**, richten wir die Anzahl der Schritte aus dem Zähler nicht nach oben sondern nach unten aus (s. $g(x)$).

Aufgabe

A.2.1.1 Zeichne die Steigungsdreiecke der Funktionen $g(x)$ und $h(x)$ in die vorherige Abbildung.

2.2 Eigenschaften linearer Funktionen

Parallelität

Lineare Funktionen können parallel sein. Um eine parallele Funktion zu schaffen, verändern wir den y-Achsenabschnitt. Somit ist $f(x)$ parallel zu $h(x)$. Die Steigung hingegen bleibt gleich. Ziehen wir nochmals die drei Funktionen von eben heran, wird die Aussage klarer.

$$f(x) = 2x + 3$$
$$g(x) = -0{,}5x + 2$$
$$h(x) = 2x - 2$$

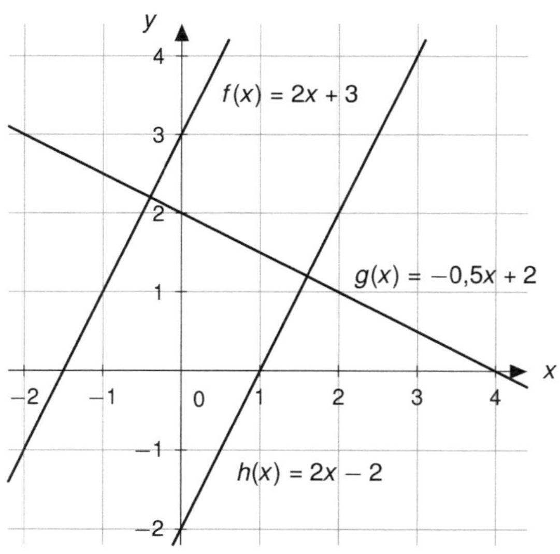

Wir sehen bereits in der Zeichnung, dass $f(x)$ parallel zu $h(x)$ ist. In beiden Fällen ist die Steigung **2**. Jedoch variiert der y-Achsenabschnitt. Der Abstand zwischen beiden Geraden ist konstant.

$g(x)$ kann aufgrund der veränderten Steigung nicht parallel zu den beiden anderen Funktionen sein!

Orthogonal/Senkrecht

Lineare Funktionen können auch senkrecht / orthogonal zueinander sein. Legen wir die 90°-Spitze eines Geodreieckes an den Schnittpunkt zwischen $f(x)$ und $g(x)$ an, stellen wir schon anhand der Zeichnung fest, dass die beiden Geraden senkrecht aufeinander stehen.

Rechnerisches Kriterium für die Steigung der orthogonalen Funktion

$$m_2 = -\frac{1}{m_1}$$

Da m aus $f(x)$ eingesetzt für $m_2 = -0{,}5$ ergibt, ist also $g(x)$ senkrecht. Der y-Achsenabschnitt kann dabei variieren, da alle Parallelen von $g(x)$ senkrecht zu $f(x)$ sind.

Sind m und b gleich, so ist die lineare Funktion identisch.

2.3 Steigungswinkel berechnen

Zwischen der x-Achse und der Geraden wird ein Winkel eingeschlossen. Diesen nennen wir Steigungswinkel. Um den eingeschlossenen Winkel zu berechnen, benötigen wir folgende Formel.

Steigungswinkel

Formel für Steigungswinkel

$$\alpha = \arctan(m)$$

Somit setzen wir also lediglich die Steigung m aus unserer linearen Funktion in die Formel ein und lassen alles Weitere den Taschenrechner berechnen.

Aufgabe

A.2.3.1 Berechne die Steigungswinkel der Funktionen

a) $f(x) = 2x + 3$ b) $g(x) = -0{,}5x + 2$ c) $h(x) = 2x - 2$

2.4 Nullpunkte/Schnittpunkte mit der x-Achse

Nullstellen

Nullpunkte geben den Schnittpunkt mit der x-Achse an. Wir könnten diese zwar ablesen, jedoch können wir die Nullpunkte auf diesem Wege nicht genau ermitteln. Aus diesem Grund setzen wir die Funktionsgleichung, also $y = 0$. Dieses Vorgehen wollen wir anhand des Beispiels $f(x)$ verdeutlichen:

$$\begin{aligned} & f(x) &=\ & 0 & & \\ \Rightarrow\quad & 0 &=\ & 2x+3 & & \mid -3 \quad \text{Wir holen die 3 auf die linke Seite} \\ \Leftrightarrow\quad & -3 &=\ & 2x & & \mid \div 2 \quad \text{Wir teilen durch 2, damit}X\text{ alleine steht} \\ \Leftrightarrow\quad & -1{,}5 &=\ & x & & \end{aligned}$$

Der Nullpunkt liegt also bei $(-1{,}5|0)$.

Aufgabe

A.2.4.1 Ermittle rechnerisch die Nullpunkte der bereits bekannten linearen Funktionen $g(x)$ und $h(x)$.

2.5 Schnittpunkte zwischen zwei linearen Funktionen

Schnittpunkt

Lineare Funktionen können identisch sein. Das heißt, sie haben unendlich viele Schnittpunkte. Sind sie parallel, liegen keine Schnittpunkte vor (s. $f(x)$ und $h(x)$).

Ebenso können sie einen Schnittpunkt besitzen (s. $f(x)$ und $g(x)$):
Zur Berechnung von Schnittpunkten setzen wir beide Funktionen gleich, also

$$\begin{aligned} & f(x) &=\ & g(x) & & \\ \Rightarrow\quad & 2x+3 &=\ & -0{,}5x+2 & & \mid -3 \\ \Leftrightarrow\quad & 2x &=\ & -0{,}5x-1 & & \mid +0{,}5x \\ \Leftrightarrow\quad & 2{,}5x &=\ & -1 & & \mid \div 2{,}5 \\ \Leftrightarrow\quad & x &=\ & -0{,}4 & & \end{aligned}$$

Um den y-Wert zu bestimmen, müssen wir x in $f(x)$ oder $g(x)$ einsetzen. Wir wählen $f(x)$ und erhalten:

$$f(-0{,}4) = 2 \cdot (-0{,}4) + 3 = 2{,}2$$

Damit liegt der Schnittpunkt bei $SP(-0{,}4|2{,}2)$.

2.6 Schnittwinkel berechnen

Winkel liegen nicht nur zwischen der x-Achse und der Geraden vor. Ebenso können wir Schnittwinkel berechnen.

Alternatives Vorgehen

Schnittwinkel zweier linearer Funktionen

$$\gamma = 180^\circ - |\alpha - \beta|$$

Beispiel: Wir betrachten die Funktionen:

$$z(x) = x + 1 \qquad \text{und} \qquad w(x) = -x - 2$$

Wir benötigen zuerst die Steigungswinkel der jeweiligen Funktion. Für den Steigungswinkel der Funktion $z(x)$ erhalten wir durch die entsprechende Formel $\alpha_z = 45^\circ$. Analog erhalten wir für $\beta_w = -45^\circ$.

Um nun den Schnittwinkel zu bestimmen, setzen wir α_z und β_w in die obige Formel ein:

$$\begin{aligned} \gamma &= 180^\circ - |\alpha - \beta| \\ \Rightarrow \gamma &= 180^\circ - |45^\circ - (-45^\circ)| \\ \Leftrightarrow \gamma &= 180^\circ - |90^\circ| \\ \Leftrightarrow \gamma &= 90^\circ \end{aligned}$$

Somit beträgt der Schnittwinkel der beiden Funktionen $\gamma = 90^\circ$.

2.7 Lineare Funktionen mit Punkt-Steigungsform bestimmen

Sind zwei Punkte gegeben, können wir eine lineare Funktion bestimmen. Dazu ist folgende Formel wichtig.

mittels 2 Punkten aufstellen

Punkt-Steigungsform

$$m = \frac{y_2 - y_1}{x_2 - x_1}$$

Beispiel: Setzen wir die Punkte $A(1|2)$ und $B(3|4)$ ein, erhalten wir

$$\frac{4-2}{3-1} = \frac{2}{2} = 1 = m$$

Anschließend wählen wir einen der beiden Punkte (hier: A) und setzen die Steigung m in $y = m \cdot x + b$ ein:

$$\begin{aligned} y &= m \cdot x + b \\ \Rightarrow\ 2 &= 1 \cdot 1 + b \quad \mid \text{Auflösung nach Unbekannter } b \\ \Leftrightarrow\ 1 &= b \end{aligned}$$

Damit können wir die nachfolgende lineare Funktion bestimmen:

$$y = x + 1$$

2.8 Abstandsbestimmung

Wir können mit Hilfe von Punkten nicht nur Geraden bestimmen. Ebenso lässt sich der Abstand zwischen zwei Punkten festlegen. Aber auch der kürzeste Abstand eines Punktes zu einer Geraden ist bestimmbar.

Abstand zwischen zwei Punkten

Abstand 2er Punkte

Um den Abstand zwischen zwei Punkten zu berechnen, benötigen wir folgende Formel.

Abstandsformel zwischen zwei Punkten

$$d = \sqrt{(x_2 - x_1)^2 + (y_2 - y_1)^2}$$

Beispiel: Haben wir die Punkte $P(1|2)$ und $Q(2|3)$, berechnet sich der Abstand folgendermaßen:

$$d = \sqrt{(2-1)^2 + (3-2)^2} = \sqrt{2} =\approx 1{,}41$$

Der Abstand der Punkte P und Q beträgt also ungefähr 1,41 Längeneinheiten (kurz: LE).

Abstand zwischen Gerade und Punkt

Abstand Punkt - Gerade

Nun können wir auch den Abstand zwischen einer Gerade und einem Punkt bestimmen.

Vorgehen

- Kürzesten Abstand zwischen dem Punkt und der Geraden bestimmen. Das können wir, indem wir die orthogonale Gerade durch den Punkt bestimmen.

- Anschließend berechnen wir den Schnittpunkt zwischen den beiden Geraden.
- Zum Schluss bestimmen wir den Abstand zwischen dem Schnittpunkt und dem gegebenen Punkt.

2.9 Anwendungsorientierte Aufgabe

A.2.9.1 Hannelore Meier möchte ihren Führerschein machen und holt sich Angebote von den Fahrschulen Drive Good und Müller Drive ein. Sie erhält folgende Angaben zur Grundgebühr und zu dem Preis pro Fahrstunde:

Fahrschule	**Grundgebühr**	**Preis pro Fahrstunde**
Drive Good	300 Euro	30 Euro
Müller Drive	250 Euro	35 Euro

a) Gib für beide Angebote eine passende Funktionsgleichung an.

b) Bevor sich Hannelore für die Prüfung anmelden kann, benötigt sie 12 Pflichtstunden. Berechne den Preis von 12 Fahrstunden für beide Fahrschulen.

c) Viele Fahrschüler benötigen mehr als 12 Fahrstunden. Vergleiche die beiden Angebote und entscheide, welches Angebot unter welchen Voraussetzungen günstiger ist.

Notizen

3 Quadratische Funktionen

Eine unveränderte Normalparabel besteht aus einer einzigen Komponente: $f(x) = x^2$. Wollen wir diese zeichnen, beginnen wir im Ursprung bei (0|0). Anschließend gehen wir einen Schritt nach rechts und setzen für eben diesen einen Schritt 1 in $f(x)$ ein. Somit erhalten wir $f(1) = 1^2 = 1$.

Übersicht

Analog setzen wir für einen Schritt nach links -1 in $f(x)$ ein und erhalten $f(-1) = (-1)^2 = 1$. Dieses Verfahren können wir mit der 2 fortsetzen. Wir gehen vom Ursprung aus zwei Schritte nach rechts und setzen 2 in $f(x)$ ein.

Die Ergebnisse aus den Rechnungen stellen die y-Werte zum entsprechend eingesetzten x-Wert dar. Sie ermöglichen es uns, die Punkte der Funktion so einzuzeichnen, dass wir eine Normalparabel erhalten.

Die oben errechneten Werte für die Normalparabel können wir in eine Wertetabelle eintragen und die Funktion dann zeichnen:

x	-3	-2	-1	0	1	2	3
$f(x)$	9	4	1	0	1	4	9

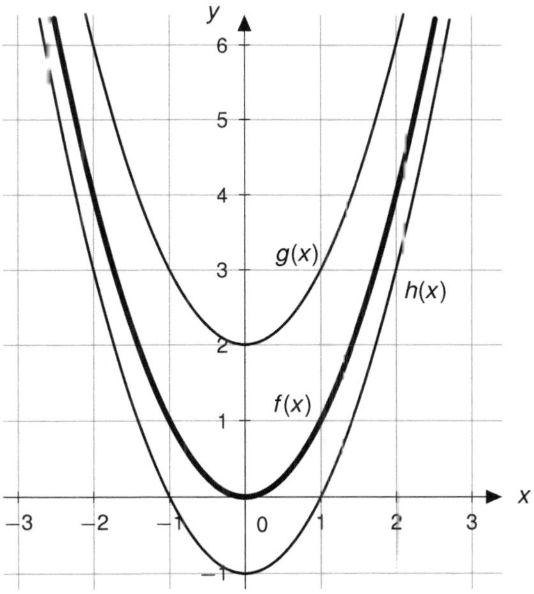

3.1 Verschiebung entlang der *y*-Achse

Nun können wir die Normalparabel $f(x) = x^2$ aber auch modifizieren. Fügen wir einen konstanten Summanden an, erhalten wir $f(x) = x^2 + b$. Die Konstante b gibt uns den y-Achsenabschnitt an und sagt uns gleichzeitig, um welche Einheiten wir die Normalparabel entlang der y-Achse verschieben müssen. Nachfolgend betrachten wir folgende **Beispiele**:

- $g(x) = x^2 + 2$ - Normalparabel um 2 nach oben verschoben
- $h(x) = x^2 - 1$ - Normalparabel um 1 nach unten verschoben

Um die Funktionen ohne Vorkenntnisse und Taschenrechner zeichnen zu können, verfahren wir wie bei der unveränderten Normalparabel. Jedoch starten wir nicht vom Ursprung aus, sondern vom y-Achsenabschnitt. Für $f(x) = x^2 + 2$ bedeutet dies, dass wir unseren ersten Punkt bei $(0|2)$ einzeichnen. Anschließend gehen wir eins nach rechts und setzen 1 in x^2 ein. Damit erhalten wir $1^2 = 1$. Analog verfahren wir mit den Zahlen $-1; 2; -2; 3$ und -3.

Aufgabe

A.3.1.1 Vervollständige die nachfolgende Tabellen.

x	-3	-2	-1	0	1	2	3
$g(x) = x^2 + 2$							

x	-3	-2	-1	0	1	2	3
$h(x) = x^2 - 1$							

3.2 Verschiebung entlang der x-Achse

Funktionen können wir nicht nur nach oben oder unten entlang der y-Achse verschieben. Ebenso lassen sich Parabeln entlang der x-Achse verschieben.

> Die Verschiebung entlang der x-Achse drücken wir wie folgt aus:
>
> $$f(x) = (x - d)^2 + e$$

Wir verschieben die Parabel also nicht mehr nur um e (vorher b), sondern auch um d, um den **Scheitelpunkt** zu bestimmen.

Vorsicht: d wird immer entgegengesetzt verschoben! Für $-d$ erfolgt die Verschiebung entlang der x-Achse nach rechts, also in den positiven Bereich. $+d$ bezeichnet die Verschiebung entlang der x-Achse nach links, also in den negativen Bereich.

Zeichnerisch gehen wir wie zuvor beschrieben vor. Jedoch zeichnen wir den ersten Punkt entsprechend der Verschiebung entlang der y-Achse **und** der x-Achse.

Beispiel: Wir betrachten hierzu folgende Funktionen:

$$f(x) = (x-3)^2 - 1$$
$$g(x) = (x+2)^2 + 2$$

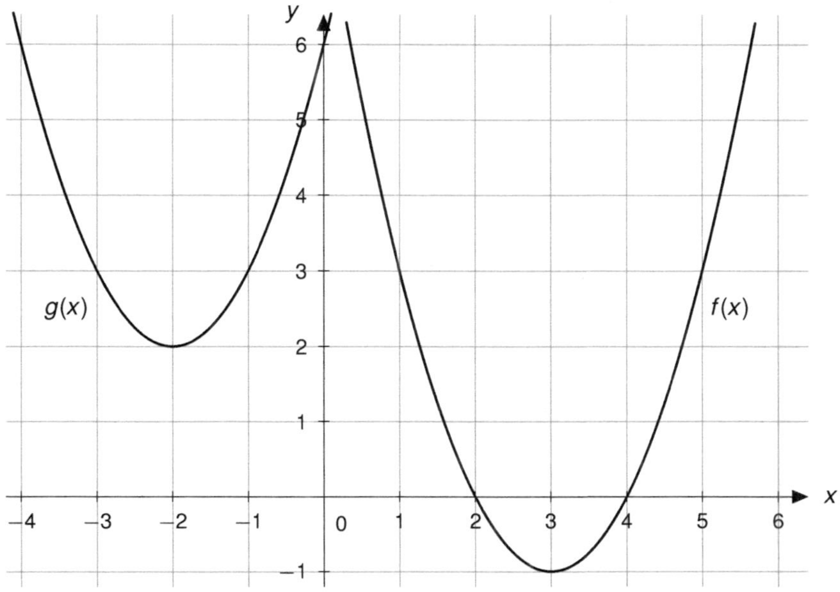

Wir stellen fest: Die tiefste Stelle bei $f(x)$ hat den Punkt $(3|-1)$. Eben jener Punkt stellt die Verschiebung dar. Solche Punkte nennen wir auch Scheitelpunkte. Ist die Funktion nach unten geöffnet (s. Modifizierung der Steigung), stellt der Scheitelpunkt nicht den tiefsten, sondern den höchsten Punkt der Funktion dar. Wir können somit auch von Minimum oder Maximum sprechen. Um weitere Punkte zeichnen zu können, gehen wir wieder wie bei den obigen Modifizierungen vor. Wir starten allerdings im Scheitelpunkt und gehen von dort aus unsere Schritte nach rechts und links. Identisch bleibt das Vorgehen der einzusetzenden x-Werte $-3; -2; -1; 0; 1; 2$ und 3 in x^2.

Aufgabe

A.3.2.1 Vervollständige die nachfolgenden Tabellen und bestimme den tiefsten Punkt von $g(x)$.

x	-3	-2	-1	0	1	2	3
$f(x) = (x-3)^2 - 1$							

x	-3	-2	-1	0	1	2	3
$g(x) = (x+2)^2 + 2$							

3.3 Modifizierung der Steigung

Wir können quadratische Funktionen nicht nur entlang der x- und y-Achse verschieben. Ebenso können wir die Steigung sowie die Öffnung der Parabel modifizieren.

Wir erhalten somit in der Scheitelpunktform:

$$f(x) = a(x - d)^2 + e$$

In der **Normalform** können wir die Steigung ebenfalls an a ablesen:

$$f(x) = ax^2 + bx + c$$

Liegt die Steigung a

- $0 < a < 1$, ist die Funktion gestaucht
- $a > 1$, ist die Funktion gestreckt
- $a < 0$, öffnet sich die Parabel nach unten

Beispiel: Wir betrachten die folgenden Funktionen:

$$f(x) = 2x^2 + 4x - 2$$
$$g(x) = 0{,}5x^2 + 2x + 1$$
$$h(x) = -0{,}5x^2 + 2x + 1$$

Die aufgeführten Funktionen sind in der nebenstehenden Abbildung grafisch dargestellt.
Alle Funktionen weisen sowohl eine Verschiebung entlang der x- und y-Achse, als auch eine Streckung, Stauchung bzw. Spiegelung auf.

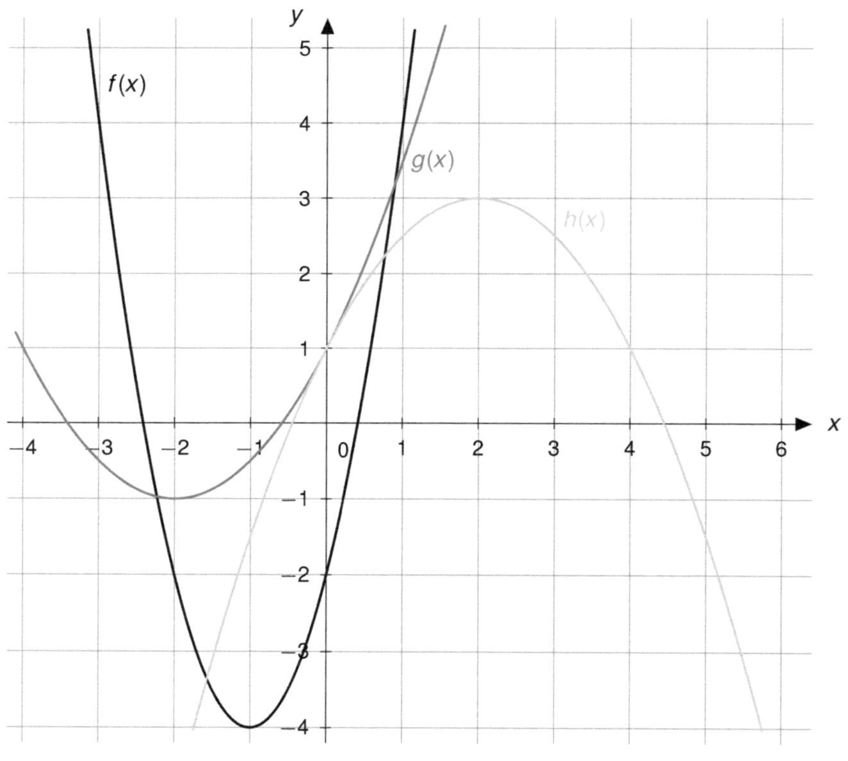

Aufgabe

A.3.3.1 Gib die Steigung der Funktionen $f(x)$, $g(x)$ und $h(x)$ an und bestimme, ob die Parabel nach unten oder oben geöffnet ist. Gib zudem an, ob die Parabel gestreckt oder gestaucht ist.

3.4 Von der Normalform zur Scheitelpunktform

Mit der Scheitelpunktform $f(x) = a(x - d)^2 + e$ können wir wichtige Informationen einer quadratischen Funktion ablesen. Wir erfahren nicht nur, inwiefern die Funktion entlang der y-Achse verschoben ist. Ebenso können wir die Verschiebung entlang der x-Achse bestimmen. Ferner können wir Aussagen über die Steigung und die Öffnung der Funktion treffen. Im folgenden Beispiel ist der Informationsgehalt dargestellt:

Normal- auf Scheitelform

Scheitelpunktform $f(x) = 2(x - 3)^2 + 2$

- Verschiebung um 3 nach rechts
- Verschiebung um 2 nach oben
- Streckung um 2

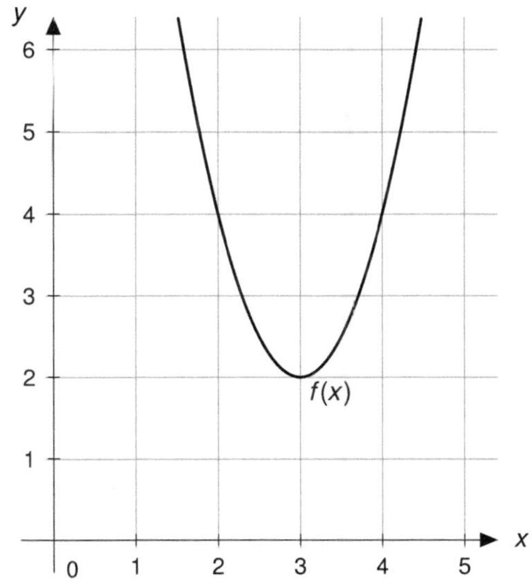

Der Scheitelpunkt liegt bei $(-d|e)$. Somit haben wir in unserem Beispiel den Scheitelpunkt $(3|2)$.

Wie aber können wir eine Normalform $f(x) = ax^2 + bx + c$ in die Scheitelpunktform umwandeln? Diese Frage können wir anhand eines Beispiels klären:

$f(x) = 3x^2 + 6x - 18$	1. Schritt: ausklammern
$f(x) = 3(x^2 + 2x - 6)$	2. Schritt: große Klammer
$f(x) = 3\left[(x^2 + 2x - 6)\right]$	3. Schritt: quadratische Ergänzung
$f(x) = 3\left[(x + 1)^2 - 7)\right]$	4. Schritt: große Klammer auflösen
$f(x) = 3(x + 1)^2 - 21$	5. Schritt: Scheitelpunkt ablesen $SP(-1\|-21)$
	$\Rightarrow$ Hinweis: Binomische Formeln beherrschen!

Aufgabe

A.3.4.1 Überführe die Funktionen $f(x)$, $g(x)$ und $h(x)$ aus dem Kapitel 3.3 in die Scheitelpunktform und gib den Scheitelpunkt an.

Exkurs: Binomische Formeln
Binomische Formeln sind ein Werkzeug zum Berechnen des Scheitelpunktes, das nicht unterschätzt werden sollte. Es gibt drei unterschiedliche Formeln:

1. $(a+b)^2 = a^2 + 2ab + b^2$
2. $(a-b)^2 = a^2 - 2ab + b^2$
3. $(a+b)\cdot(a-b) = a^2 - b^2$

3.5 Nullpunktberechnung von quadratischen Funktionen

Nullstellen

pq-Formel

Der höchste Exponent bei quadratischen Funktionen gibt uns die maximale Anzahl von Nullpunkten an. Da dieser 2 ist, können wir maximal zwei Nullpunkte berechnen. Je nach Funktion kann es aber auch keinen oder nur einen Nullpunkt geben. Nullpunkte geben den Schnittpunkt mit der x-Achse an und werden als Punkt $(x_n|0)$ aufgeschrieben. Der y-Wert ist bei Nullpunkten also immer 0. Um die Nullpunkte zu berechnen, können wir die sogenannte pq-Formel anwenden.

pq-Formel

$$f(x) = x^2 + px + q \overset{!}{=} 0 \Rightarrow x_{1,2} = -\frac{p}{2} \pm \sqrt{\left(\frac{p}{2}\right)^2 - q}$$

Beispiel: Bestimme die Nullpunkte der Funktion $f(x) = 4x^2 - 4x + 4$.

$$\begin{aligned}
& f(x) &=& \ 4x^2 - 4x + 4 \overset{!}{=} 0 && \text{Funktion gleich 0 setzen}\\
\Rightarrow\ & 0 &=& \ 4x^2 - 4x + 4 \quad |\div 4 && \text{1. Schritt: vor dem } x^2 \text{ muss eine 1 stehen}\\
\Leftrightarrow\ & 0 &=& \ x^2 - 1x + 1 && \text{2. Schritt: } p = -1 \text{ und } q = 1 \text{ in Formel}\\
\Rightarrow\ & x_{1,2} &=& \ -\frac{(-1)}{2} \pm \sqrt{\left(\frac{(-1)}{2}\right)^2 - 1} &&\\
& &=& \ 0{,}5 \pm \sqrt{0{,}25 - 1} && \lightning\ \textbf{Achtung: Negative Zahl unter Wurzel!}
\end{aligned}$$

Da wir unter der Wurzel eine negative Zahl stehen haben, ist die Berechnung nicht lösbar. Es gibt also keinen Schnittpunkt mit der x-Achse.

Merke: Ist die Zahl unter der Wurzel

- größer als Null, z.B. $\sqrt{2}$, dann hat die Funktion 2 Nullstellen
- gleich Null, also $\sqrt{0}$, dann hat die Funktion 1 Nullstelle
- kleiner Null, z.B. $\sqrt{-1}$, dann hat die Funktion keine Nullstelle

Jedoch müssen wir nicht immer die pq-Formel anwenden. Bei den beiden folgenden **Beispielen** können wir unsere Kenntnisse zur Auflösung von Gleichungen und Termumformung anwenden.

$$
\begin{array}{rrcll}
 & f(x) & = & 2x^2 - 8 \stackrel{!}{=} 0 & \\
\Rightarrow & 0 & = & 2x^2 - 8 & \mid +8 \\
\Leftrightarrow & 8 & = & 2x^2 & \mid \div 2 \\
\Leftrightarrow & 4 & = & x^2 & \mid \sqrt{} \\
\Rightarrow & x_1 & = & 2 & \\
\Rightarrow & x_2 & = & -2 &
\end{array}
$$

Nullstellen: $NS_1(2|0)$ und $NS_2(-2|0)$

$$
\begin{array}{rrcll}
 & f(x) & = & x^2 - 16x \stackrel{!}{=} 0 & \\
\Rightarrow & 0 & = & x^2 - 16x & x \text{ auskl.} \\
\Leftrightarrow & 0 & = & x \cdot (x - 16) & \\
\Rightarrow & 0 & = & x_1 & \text{1. Nullstelle} \\
\hline
\Rightarrow & 0 & = & x - 16 & \mid +16 \\
\Leftrightarrow & 16 & = & x_2 & \text{2. Nullstelle}
\end{array}
$$

Nullstellen: $NS_1(0|0)$ und $NS_2(16|0)$

3.6 *y*-Achsenabschnitt rechnerisch bestimmen

Wie auch bei linearen Funktionen können wir den y-Achsenabschnitt bestimmen. Dieser ist durch die Konstante in $f(x) = ax^2 + bx + c$ gegeben. Ist die Konstante c nicht vorhanden, liegt der Schnittpunkt mit der y-Achse bei $(0|0)$. Ansonsten geben wir den Schnittpunkt mit $(0|c)$ an. Wir können den Schnittpunkt mit der y-Achse auch rechnerisch bestimmen, indem wir in $f(x)$ den x-Wert gleich 0 setzen:

$$y\text{-Achsenabschnitt}: \quad f(0) = a(0)^2 + b(0) + c = c$$

3.7 Schnittpunkte zweier Funktionen

Um die Schnittpunkte zweier Funktionen bestimmen zu können, müssen wir diese gleichsetzen. Dieses Verfahren funktioniert analog zur Schnittpunktberechnung zwischen zwei linearen Funktionen. Anschließend müssen wir die Funktionen umformen und entsprechend der gelernten Verfahren zur Nullstellenberechnung ausrechnen. Wir berechnen an dieser Stelle jedoch keine Nullstellen, sondern Schnittpunkte. An dieser Stelle sind die Kenntnisse zur Termumformung und dem Auflösen von Gleichungen gefordert.

3.8 Lagebeziehungen zwischen Parabeln und Geraden

Ebenso können wir Schnittpunkte zwischen linearen und quadratischen Funktionen bestimmen:

- Schneidet die lineare Funktion die quadratische Funktion, handelt es sich um eine Sekante.
- Berührt die lineare Funktion die quadratische Funktion, handelt es sich um eine Tangente.
- Gibt es keinen Schnittpunkt, nennt sich die lineare Funktion Passante.

In Kapitel 4.3 bzw. 4.3 findet ihr Abbildungen, wie Sekanten bzw. Tangenten aussehen.

4 Ganzrationale Funktionen

Eine **ganzrationale Funktion** (oder Polynomfunktion) hat die allgemeine Form

$$f(x) = a_n x^n + a_{n-1} x^{n-1} + \dots + a_2 x^2 + a_1 x + a_0$$

mit einer natürlichen Zahl n und den reellen Zahlen $a_n, a_{n-1}, \dots, a_0$.

- Die **höchste Potenz** gibt Ordnung und maximale Anzahl der Nullstellen an.
- Mit dem **Grenzwertverhalten** können wir den Verlauf von Funktionen bestimmen. Dazu gibt es vier Fallunterscheidungen:

Übersicht

ungerade Potenzen	**gerade Potenzen**
verläuft von links unten nach rechts oben für	verläuft von links oben nach rechts oben für
$a_n > 0$	$a_n > 0$
$\lim_{x \to +\infty} f(x) = +\infty$	$\lim_{x \to +\infty} f(x) = +\infty$
$\lim_{x \to -\infty} f(x) = -\infty$	$\lim_{x \to -\infty} f(x) = +\infty$
verläuft von links oben nach rechts unten für	verläuft von links unten nach rechts unten für
$a_n < 0$	$a_n < 0$
$\lim_{x \to +\infty} f(x) = -\infty$	$\lim_{x \to +\infty} f(x) = -\infty$
$\lim_{x \to -\infty} f(x) = +\infty$	$\lim_{x \to -\infty} f(x) = -\infty$

- **Symmetrieverhalten**

Symmetrie

Achsensymmetrie

$$f(x) = f(-x)$$

Beispiel: $f(x) = x^4 + x^2 + 1$
Merke: Alle Potenzen sind gerade.

Punktsymmetrie

$$g(-x) = -g(x)$$

Beispiel: $g(x) = 0{,}5x^3$
Merke: Alle Potenzen sind ungerade.

4.1 Nullstellenberechnung von ganzrationalen Funktion

Nullstellen können wir nicht nur von linearen und quadratischen Funktionen berechnen. Auch ganzrationale Funktionen höherer Ordnung können entsprechend ihrer höchsten Potenz eine maximale Anzahl von Nullstellen besitzen. Je nach Aufbau der Funktion können wir neben der *pq*-Formel, die Substitution, die Polynomdivision, Ausklammern oder das Newtonsche Nährungsverfahren anwenden. Darüber hinaus besteht die Möglichkeit, die Nullstellen über den Satz des Nullproduktes zu berechnen.

Substitution

Substitution

Wie bei linearen und quadratischen Funktionen auch, ist der erste Schritt, die Funktion gleich Null zu setzen. Wir betrachten zur Nullstellenberechnung mittels Substitution folgendes **Beispiel**:

$$f(x) = x^4 + 6x^2 + 9 \overset{!}{=} 0$$

Nachdem die Funktion gleich Null gesetzt ist, wenden wir die Substitution an. Substitution bedeutet, wir ersetzen x^2 durch z ($z = x^2$) und tätigen die Rücksubstitution, wenn wir für z eine Lösung erhalten. Für das Beispiel folgt:

$$x^4 + 6x^2 + 9 = 0 \overset{z=x^2}{\Longrightarrow} z^2 + 6z + 9 = 0$$

Diese Gleichung können wir wieder mit der bereits bekannten *pq*-Formel lösen und erhalten:

$$z_{1,2} = -\frac{6}{2} \pm \sqrt{3^2 - 9} = -3 \pm \sqrt{9 - 9} = -3 \pm \sqrt{0} = -3 \pm 0$$

Wir erhalten eine Lösung an der Stelle $z = -3$. Wichtig: Wir dürfen die Rücksubstitution nicht vergessen. Um eine Lösung für x zu erhalten, müssen wir also noch die Wurzel ziehen:

$$z = -3 \overset{!}{=} x^2 \quad |\sqrt{\ } \quad \Rightarrow \quad x_{1,2} = \pm\sqrt{-3} \quad ↯$$

Wir erhalten keine Lösung, da wir keine Wurzel aus der negativen Zahl ziehen können. Demnach liegen keine Nullstellen vor.

Polynomdivision

Polynomdivision

Wie bisher auch, besteht der erste Schritt bei der Nullstellenberechnung mit der Polynomdivision im Nullsetzen der Funktion. Bei der Berechnung sind Kenntnisse zur schriftlichen Division absolut notwendig. Betrachten wir das folgende **Beispiel**:

$$f(x) = x^3 - 7x^2 + 14x - 8 \overset{!}{=} 0$$

Nun müssen wir die erste Nullstelle erraten. Dies können wir mithilfe von ganzzahligen Teilern erreichen. Wir versuchen in diesem Beispiel $1; -1; 2; -2; 4; -4$ etc. einzusetzen - wenn eine 0 rauskommt, liegt eine Nullstelle vor. (Hinweis: Hilfreich kann hierbei die Tabellenfunktion im Taschenrechner sein.)

Die erste Nullstelle liegt demnach bei: $x = 1$. Somit haben wir einen Nullpunkt bei $NS_1(1|0)$. Die Division erfolgt anschließend mit $(x-1)$:

$$
\begin{array}{l}
\left(\;x^3 - 7x^2 + 14x - 8\right) : \left(x - 1\right) = x^2 - 6x + 8 \\
\underline{-x^3 \;\; + x^2} \\
\qquad -6x^2 + 14x \\
\qquad \underline{\;\;6x^2 \;\; - 6x} \\
\qquad\qquad\quad 8x - 8 \\
\qquad\qquad\; \underline{-8x + 8} \\
\qquad\qquad\qquad\;\; 0
\end{array}
$$

Weitere Lösungen erhalten wir durch die bereits bekannte *pq*-Formel. In unserem Fall $NS_2(2|0)$ und $NS_3(4|0)$.

Ausklammern

Die Voraussetzung, dass wir Nullstellen über die Methode des Ausklammerns berechnen können, besteht darin, dass jede Komponente mindestens eine Variable beinhalten muss. Betrachten wir hierzu das nachfolgende **Beispiel**:

Ausklammern/ Faktorisieren

$$f(x) = x^2 + x^3$$

Wir klammern das x^2 aus, da in beiden Summanden mindestens x^2 vorhanden ist und setzen die Funktion gleich Null:

$$f(x) = x^2 + x^3 = x^2(1 + x) \overset{!}{=} 0$$

Wir erhalten die beiden Lösungen

$$
\begin{array}{rcll}
x^2 & = & 0 & |\sqrt{} \\
\Rightarrow \; x_1 & = & 0 &
\end{array}
\qquad\qquad
\begin{array}{rcll}
1 + x & = & 0 & |-1 \\
\Rightarrow \; x_2 & = & -1 &
\end{array}
$$

Somit erhalten wir zwei Nullstellen: $NS_1(0|0)$ und $NS_2(-1|0)$

Newtonsches Nährungsverfahren

Herleitung

Beispiel

Das Newtonverfahren ist ein Näherungsverfahren zur Bestimmung der Nullstellen. Bei einfachen Termen sind wir mit den anderen Methoden sicherlich schneller. Wenn die Funktionen komplexer werden, greifen wir häufig zum Newtonverfahren. Dazu verwenden wir folgende Formel.

Newtonsche Nährungsverfahren

$$x_{\text{start}} = x_{\text{neu}} - \frac{f(x_n)}{f'(x_n)}$$

Im Genaueren bedeutet es, dass wir einen Startwert x_{start} selbst bestimmen müssen und diesen in die Formel einsetzen, um x_{neu} zu erhalten. Wenn wir dieses Verfahren öfter wiederholen, stellen wir fest, dass sich irgendwann der Wert des Ergebnisses nicht mehr bzw. kaum ändert. Erst dann können wir den Wert als Nullstelle verwenden. Das Newton-Verfahren wollen wir an dem folgenden **Beispiel** kurz durchspielen. Als willkürlichen Startwert wählen wir $x_{\text{start}} = 18$.

$$x^3 - 15x^2 - 175 = 0$$

x_{start}	$f(x)$	$f'(x)$	$x_{\text{neu}} = x_{\text{start}} - \frac{f(x)}{f'(x)}$
18	797	432	16,16
16,16	127,93	298,64	15,73
15,73	5,63	270,40	15,71

Wie wir sehen, ändert sich der x-Wert bereits beim 2. Schritt nicht mehr stark (von 15,73 auf 15,71)! Beim nächsten Schritt kann es schon passieren, dass sich nur noch die Nachkommastellen ändern. Wir könnten sagen, dass die Nullstelle ungefähr bei 15,71 liegt.

Merke: Pro Startwert finden wir nur eine Nullstelle!

Satz vom Nullprodukt

Ist ein Faktor 0, dann ist das ganze Produkt 0. Nullstellen lassen sich ablesen. Die Funktion zeichnet sich durch seine faktorisierte Form aus. **Beispiel**:

$$f(x) = (x-3)\cdot(x+2)\cdot(x+1) \quad \Rightarrow \quad NS_1(3|0),\ NS_2(-2|0) \text{ und } NS_3(-1|0)$$

4.2 Berechnung des *y*-Achsenabschnitts

Zur Analyse einer Funktion gehört nicht nur die Nullstellenberechnung. Ebenso müssen wir den *y*-Achsenabschnitt bestimmen. Hierzu setzen wir $x = 0$ in die Funktion ein. **Beispiel**:

Achsen-abschnitte

$$f(x) = 3x^3 - 2x + 3 \Rightarrow f(0) = 3 \cdot (0)^3 - 2 \cdot 0 + 3 = 3$$

Merke: $f(0)$ ist die Konstante der Funktion!

4.3 Änderungsrate

Die mittlere Änderungsrate nennen wir auch durchschnittliche Änderungsrate und berechnen sie wie folgt:

Änderungsrate

Mittlere Änderungsrate

$$m = \frac{f(b) - f(a)}{b - a}$$

Beispiel: Die Änderungsrate wollen wir nun anhand der Funktion $f(x) = x^3 + 1$ berechnen.

a und *b* stellen dabei das Intervall dar. Hier wählen wir das Intervall $[-1; 2]$. Somit rechnen wir:

$$m = \frac{f(2) - f(-1)}{2 - (-1)} = \frac{9 - 0}{3} = 3$$

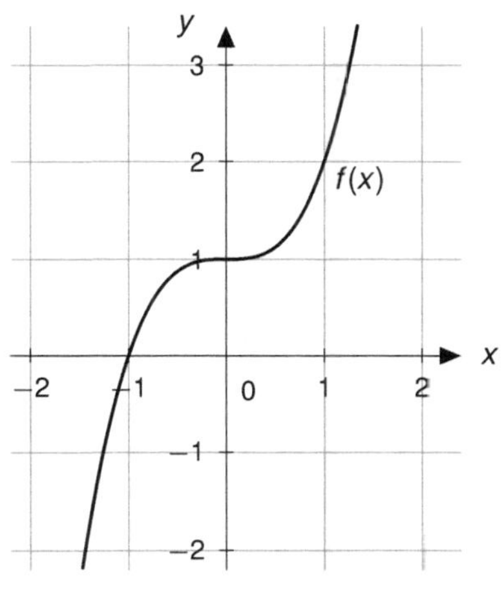

Lokale Änderungsrate
Bestimmt die Steigung in einem bestimmten Punkt über die erste Ableitung. Hierzu setzen wir den entsprechenden *x*-Wert in die erste Ableitung (s. Ableitungen) ein.

Steigung der Sekante

Der Differenzquotient lässt sich mit der mittleren Änderungsrate vergleichen. Generell schneidet eine *Sekante* eine Funktion $f(x)$ in zwei Punkten. Im Sachzusammenhang gesehen beschreibt die Steigung der Sekante die durchschnittliche Änderung in einem Bereich, der durch die Schnittpunkte P_1 und P_2 der Geraden mit der Funktion gegeben ist.

von Sekante zur Tangente (Teil 1)

Zur Erinnerung:

$$m_S = \frac{y_2 - y_1}{x_2 - x_1} \quad \text{bzw.}$$

$$m_S = \frac{f(x_2) - f(x_1)}{x_2 - x_1}$$

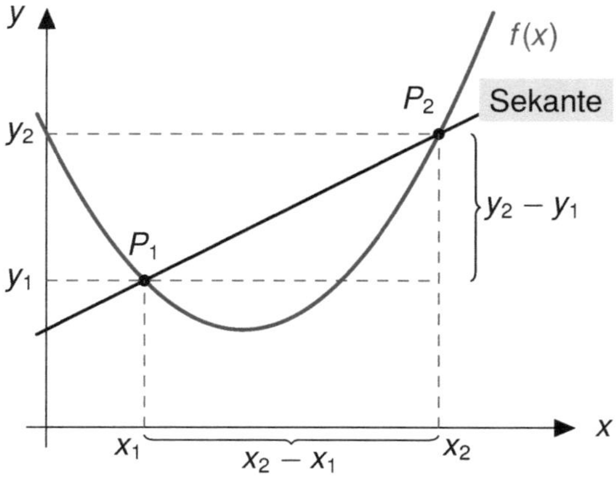

Steigung der Tangente

von Sekante zur Tangente (Teil 2)

Bilden wir den Grenzwert gegen 0 des Differenzquotienten, erhalten wir den Differentialquotienten:

$$m_T = \lim_{x \to x_0} \frac{f(x) - f(x_0)}{x - x_0} = f'(x_0)$$

Ist der Abstand zwischen x und x_0 sehr klein, können wir die Steigung der Tangente mit der Ableitung an der Stelle x_0 berechnen.

von Sekante zur Tangente (Teil 3)

Generell berührt eine *Tangente* eine Funktion $f(x)$ in einem Punkt P_0. Die Steigung der Tangente m_T beschreibt die Steigung in einem beliebigen Punkt x_0. Im Sachzusammenhang gesehen beschreibt die Steigung die momentane Änderung.

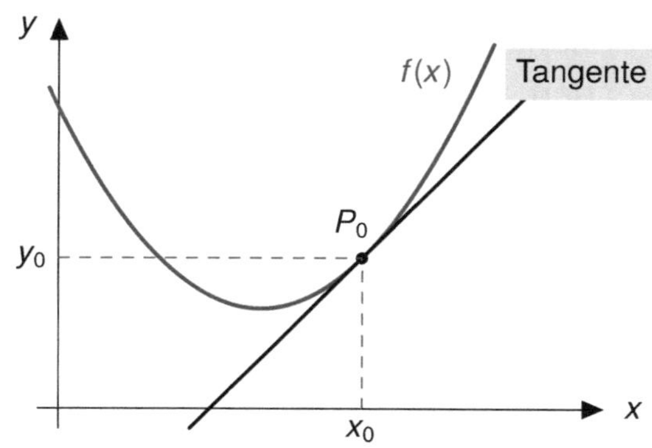

4.4 Extremwerte und Wendepunkte

Ableitung

Um Extremwerte und Wendepunkte von ganzrationalen Funktionen bestimmen zu können, müssen wir die ersten drei Ableitungen bilden.

Ableitungen

- $f(x) = ax^n$
- $f'(x) = n \cdot ax^{n-1}$
- $f''(x) = n \cdot (n-1) \cdot ax^{n-1-1}$
- $f'''(x) = n \cdot (n-1) \cdot (n-1-1) \cdot ax^{n-1-1-1}$

Beispiel: Die eben genannten Regeln lassen sich wie folgt anwenden:

$$f(x) = x^3 - 6x^2 + 8x, \quad f'(x) = 3x^2 - 12x + 8, \quad f''(x) = 6x - 12, \quad f'''(x) = 6$$

Extremstellen

Mit der ersten Ableitung bestimmen wir Extremstellen. Die folgende Grafik verdeutlicht, dass es sich bei diesen Stellen um Hoch- oder Tiefpunkte handelt.

mit 2. Ableitung

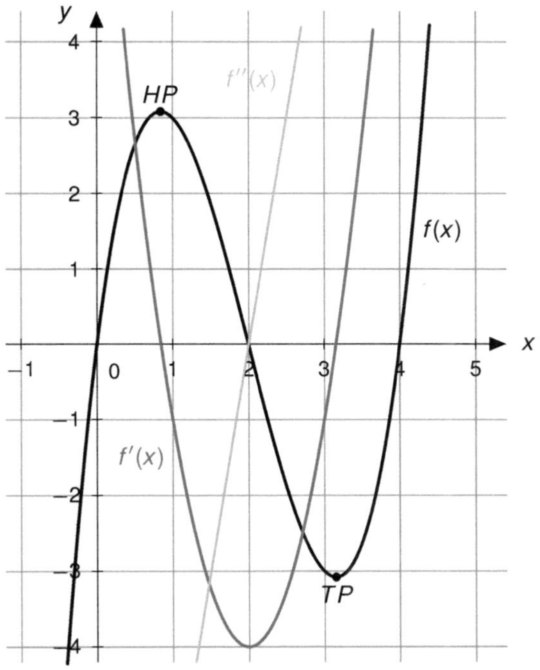

Die Extremstellen von $f(x)$ sind die Nullstellen von $f'(x)$. $f'(x)$ gibt die Steigung in einem bestimmten Punkt an. In den Extrempunkten ist diese 0.

Somit geben Extremstellen die niedrigsten und höchsten Kurvenwerte einer Funktion an.

Hinweis: Die maximale Anzahl der Extremstellen ist abhängig von dem Grad der Funktion. Der Grad minus 1 gibt die maximale Anzahl von Extremstellen an.

Beispiel: Wir betrachten die Funktion $f(x) = x^3 - 6x^2 + 8x$.

Zur Berechnung potentieller Extremstellen setzen wir die erste Ableitung 0:

$$\begin{aligned} \text{notw. Bed.:} \qquad & f'(x) &= 0 \\ \Rightarrow \quad & 3x^2 - 12x + 8 &= 0 \quad | \div 3 \\ \Leftrightarrow \quad & x^2 - 4x + \tfrac{8}{3} &= 0 \end{aligned}$$

Anschließend nutzen wir die uns bekannte pq-Formel:

$$x_{1,2} = -\frac{-4}{2} \pm \sqrt{(2)^2 - \frac{8}{3}} \quad \Rightarrow x_1 = 3{,}15 \wedge x_2 = 0{,}85$$

Im Anschluss ermitteln wir die y-Werte zu den berechneten x-Werten. Dazu setzen wir die x-Werte in $f(x)$ ein:

$$f(3{,}15) = -3{,}08 \qquad \text{bzw.} \qquad f(0{,}85) = 3{,}08$$

Um nachzuweisen, ob es sich um einen Hoch- oder Tiefpunkt handelt, setzen wir die x-Werte in $f''(x)$:

$$\text{hinr. Bed.:} \qquad f''(3{,}15) = 6{,}9 > 0 \qquad \text{bzw.} \qquad f''(0{,}85) = -6{,}9 < 0$$

Jetzt müssen wir diese Werte aber noch interpretieren, um eine Aussage treffen zu können. Wir merken uns:

- $f''(x) > 0$: Tiefpunkt bzw. Minimum
- $f''(x) < 0$: Hochpunkt bzw. Maximum

Somit erhalten wir: $TP(3{,}15|-3{,}08)$ und $HP(0{,}85|3{,}08)$.
Im Hinterkopf behalten: Für einen Sattelpunkt müssen weitere Bedingungen erfüllt sein (s. Wendestellen).

Zusammenfassend:
Wie bei den Nullstellen wird zunächst $f'(x) = 0$ gesetzt. Die ermittelten x-Werte werden anschließend in $f(x)$ eingesetzt. $\Rightarrow$ Ermittlung des Extrempunktes

Vorzeichenwechselkriterium

mit VZWK

Eine weitere Möglichkeit, Hoch- und Tiefpunkte nachzuweisen, besteht im Vorzeichenwechselkriterium. Hierzu setzen wir zum einen den x-Wert vor der Extremstelle und zum anderen den Wert nach der Extremstelle in $f'(x)$ ein. Wechselt das Ergebnis von + nach −, handelt es sich um einen Hochpunkt. Wechselt das Ergebnis von − nach +, handelt es sich um einen Tiefpunkt.

Monotonieverhalten

Einstieg

Beispiel

Mit der ersten Ableitung können wir zudem das Monotonieverhalten bestimmen. Haben wir die Extremwerte, in denen die Steigung 0 ist, muss es vor und nach diesen Werten eine andere Steigung geben.

Setzen wir beispielsweise einen x-Wert vor einem Extremwert in die erste Ableitung ein und erhalten ein negatives Ergebnis, so ist der Graph an dieser Stelle fallend. Es liegt also eine negative Steigung vor:

$$f'(x) = -\ldots$$

Setzen wir nun einen weiteren x-Wert nach einem Extremwert ein und erhalten ein positives Ergebnis, so ist der Graph an dieser Stelle steigend. Es liegt also eine positive Steigung vor:

$$f'(x) = +\ldots$$

Liefert das Ergebnis des x-Wertes von $f'(x) = 0$, so ist dies die Bestätigung, dass es sich um eine Extremstelle handelt. Allgemein gilt:

- $f'(x) > 0$: f monoton steigend
- $f'(x) < 0$: f monoton fallend

Wendestellen

Zur Berechnung der Wendestellen setzen wir $f''(x) = 0$. Für unser Beispiel folgt:

mit 3. Ableitung

mit Krümmungstabelle

$$\begin{aligned} \text{notw. Bed.:} \quad && f''(x) &= 0 \\ \Rightarrow && 6x - 12 &= 0 \quad \mid \div 6 \\ \Leftrightarrow && x - 2 &= 0 \quad \mid +2 \\ \Leftrightarrow && x &= 2 \end{aligned}$$

Anschließend setzen wir den x-Wert in $f(x)$, um den y-Wert zu erhalten.

$$f(2) = 0$$

Um nachzuweisen, ob es sich auch tatsächlich um einen Wendepunkt handelt, setzen wir den x-Wert in $f'''(x)$ ein.

$$\text{hinr. Bed.:} \quad f'''(2) = 6$$

Da das Ergebnis nicht 0 ist, handelt es sich um einen Wendepunkt in $(2|0)$.

> **Zusammenfassend**:
> Wie bei den Nullstellen wird zunächst $f''(x) = 0$ gesetzt. Die ermittelten x-Werte werden anschließend in $f(x)$ eingesetzt. $\Rightarrow$ Ermittlung des Wendepunktes

Weiterhin ist nachzuweisen, dass es sich um einen Wendepunkt handelt. Hierzu setzen wir die x-Werte in $f'''(x)$ ein. Ist das Ergebnis ungleich 0, handelt es sich um einen Wendepunkt. Weiterhin sind folgende Faustregeln zu beachten:

- Falls 2. Ableitung größer als 0: Tiefpunkt
- Falls 2. Ableitung kleiner als 0: Hochpunkt
- Falls 2. Ableitung gleich 0 und die 3. Ableitung ungleich 0: Sattelpunkt
- Die Nullstellen der 2. Ableitung ergeben die Wendepunkte.
- Falls 3. Ableitung größer als 0: Übergang von Rechtskurve zur Linkskurve
- Falls 3. Ableitung kleiner als 0: Übergang von Linkskurve zur Rechtskurve

Wendetangente

Wendetangente

Wendetangenten beschreiben die Funktion, die den Graphen in dem entsprechenden Punkt berührt. Das Verfahren lässt sich auf jeden Punkt anwenden.

Wir betrachten wieder erneut die Funktion $f(x)$ aus unserem Beispiel. Dazu ziehen wir den Wendepunkt $(2|0)$ heran und die allgemeine Form einer linearen Funktion $y = m \cdot x + b$.

Um m zu bestimmen, setzen wir den x-Wert des Punktes in $f'(x)$ ein:

$$f'(x) = 3x^2 - 12x + 8$$
$$f'(2) = -4 = m$$

Anschließend setzen wir x, y und m in $y = m \cdot x + b$ ein. Daraus ergibt sich:

$$0 = -4 \cdot 2 + b \quad | + 8$$
$$b = 8$$

Damit folgt für die Wendetangente: $y = g(x) = -4x + 8$.

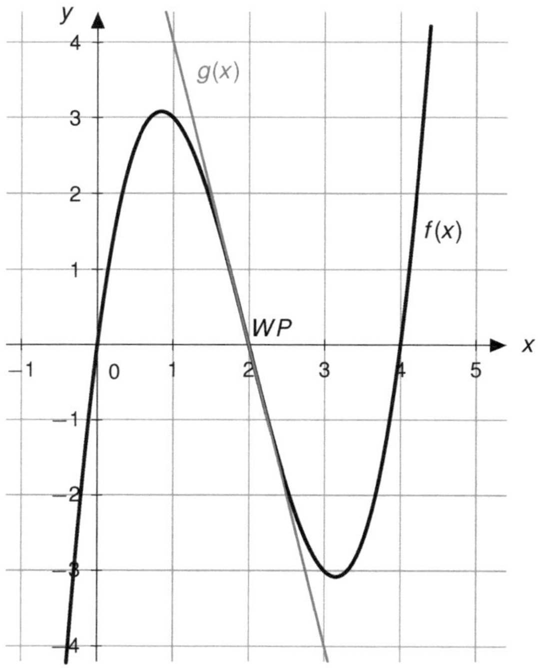

4.5 Normalengleichung

Normale aufstellen

Um die Funktion der Normale zu bestimmen, ist es wichtig zu wissen, dass diese senkrecht (auch orthogonal genannt) zur Tangente steht. Damit greift die Steigungsformel:

Steigung der Normalen

$$m_N = -\frac{1}{m_T}$$

Beispiel: Wir betrachten die Wendetangente von oben. Dann folgt für Steigung der Normalen

$$m_N = -\frac{1}{m_T} = -\frac{1}{-4} = \frac{1}{4}$$

Nun setzen wir wie zuvor den Punkt $W(2|0)$ und die Steigung in $y = m \cdot x + b$ ein. Auflösen nach b ergibt:

$$\Rightarrow \quad 0 = \frac{1}{4} \cdot 2 + b \quad \Big| - \frac{1}{2}$$

$$\Leftrightarrow \quad b = -\frac{1}{2}$$

Also erhalten wir die Normalengleichung:

$$y = n(x) = \frac{1}{4}x - \frac{1}{2}$$

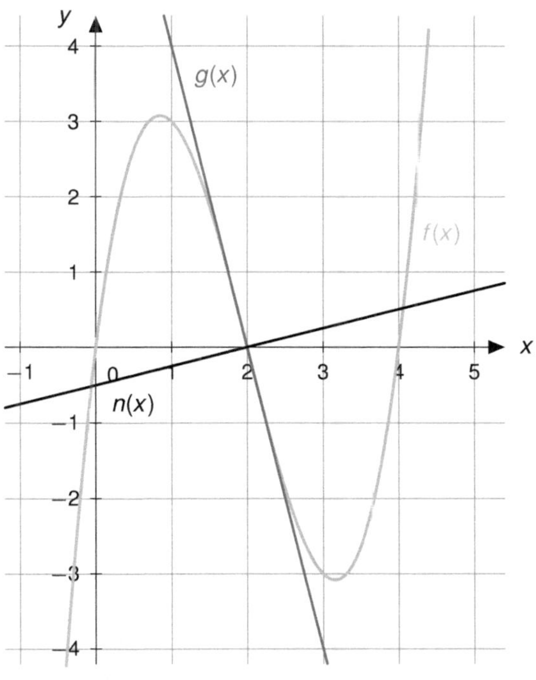

Aufgabe

A.4.1 Führe je eine vollständige Kurvendiskussion durch und skizziere die Graphen.

a) $f(x) = x^4 - 2x^2 + 1$

b) $g(x) = x^4 - 4x^3 + 6x^2 - 4x + 1$

c) $f_t(x) = \frac{t^2}{16}x^4 + \frac{t}{2}x^3$

5 Gleichungssysteme

Sollen Gleichungssysteme oder Steckbriefaufgaben gelöst werden, benötigen wir genauso viele Gleichungen wie Unbekannte. Zur Lösung stehen uns vier Berechnungsverfahren zur Verfügung:

Additionsverfahren

$$\begin{array}{rrcl} \text{I} & 2x + 3y & = & 14 \\ \text{II} & x + 2y & = & 8 \end{array}$$

Bei dem vorausgehenden Beispiel haben wir zwei Gleichungen und zwei Unbekannte gegeben. Zunächst müssen wir uns entscheiden, welche Unbekannte wir eliminieren wollen. Der einfachste Weg besteht darin, das x zu eliminieren, indem wir die zweite Zeile mit -2 multiplizieren und die beiden Zeilen addieren. Daraus ergibt sich:

Additions-
verfahren

$$\begin{array}{rrcll} \text{I} & 2x + 3y & = & 14 & \\ (-2)\cdot\text{II} & -2x - 4y & = & -16 & \\ \hline \text{I}+\text{II} & -1y & = & -2 & |\cdot(-1) \\ \Leftrightarrow & y & = & 2 & \end{array}$$

Anschließend setzen wir y in eine der beiden Gleichungen ein (es ist egal, welche Gleichung wir verwenden - es kommt das gleiche dabei raus!):

$$\begin{array}{rrcll} y = 2 \text{ in I}: & 2x + 3\cdot 2 & = & 14 & |-6 \\ \Leftrightarrow & 2x & = & 8 & |\div 2 \\ \Leftrightarrow & x & = & 4 & \\ \text{oder } y = 2 \text{ in II}: & x + 2\cdot 2 & = & 8 & |-4 \\ \Leftrightarrow & x & = & 4 & \end{array}$$

Daher ist unsere Lösungsmenge: $\mathbb{L} = \{4|2\}$.

Gleichsetzungsverfahren

Gleichsetzungs-verfahren

Auch in dem Beispiel zum Gleichsetzungsverfahren haben wir zwei Gleichungen und zwei Unbekannte. Um Funktionen gleichsetzen zu können, müssen wir nach einer Unbekannten auflösen.

Die nach einer Variablen aufgelöste Form kann folgendermaßen aussehen:

$$\begin{aligned} \text{I} \quad x &= 3y + 27 \\ \text{II} \quad x &= 5y + 46 \end{aligned}$$

Durch das Gleichsetzungsverfahren (denn es gilt: $x = x$) erhalten wir:

$$x = x \Rightarrow 3y + 27 = 5y + 46$$

Nun müssen wir den Term mit den uns bekannten Rechenoperationen nach y auflösen:

$$\begin{aligned} \Leftrightarrow \quad 3y + 27 &= 5y + 46 \quad | -5y, -27 \\ \Leftrightarrow \quad -2y &= 19 \quad | \div(-2) \\ \Leftrightarrow \quad y &= -9{,}5 \end{aligned}$$

Anschließend setzen wir das Ergebnis in eine der beiden Gleichungen ein:

$$\begin{aligned} y = -9{,}5 \text{ in I}: \quad x &= 3 \cdot (-9{,}5) + 27 \\ \Leftrightarrow \quad x &= 1{,}5 \\ \text{oder } y = -9{,}5 \text{ in II}: \quad x &= 5 \cdot (-9{,}5) + 46 \\ \Leftrightarrow \quad x &= 1{,}5 \end{aligned}$$

Somit haben wir eine Lösungsmenge: $\mathbb{L} = \{1{,}5 | -9{,}5\}$.

Einsetzungsverfahren

Einsetzungs-verfahrens

Zur Anwendung des Einsetzungsverfahrens lösen wir eine Gleichung nach einer Unbekannten auf und setzen den aufgelösten Term dann in die nächste Gleichung ein.

$$\begin{aligned} \text{I} \quad x + y &= 27 \\ \text{II} \quad 4x + 2y &= 72 \end{aligned}$$

Lösen wir Gleichung I z.B. nach y auf, erhalten wir:

$$y = 27 - x$$

Nun können wir y in die Gleichung II einsetzen

$$4x + 2 \cdot (27 - x) = 72$$

und nach der Unbekannten x auflösen. Wir erhalten:

$$\begin{aligned} \Leftrightarrow \quad 4x + 54 - 2x &= 72 \\ \Leftrightarrow \quad 2x + 54 &= 72 \quad | -54 \\ \Leftrightarrow \quad 2x &= 18 \quad | \div 2 \\ \Leftrightarrow \quad x &= 9 \end{aligned}$$

Das Ergebnis von x setzen wir nun in Gleichung I, welche wir bereits nach y umgeformt hatten, ein:

$$y = 27 - \underbrace{9}_{=x} = 18$$

Somit ergibt sich die Lösungsmenge: $\mathbb{L} = \{9|18\}$.

Hinweis: Haben wir mehr als zwei Unbekannte, bietet sich das Gaußverfahren an. Dieses wird vor allem für Steckbriefaufgaben mit ganzrationalen Funktionen genutzt.

Gauß-Verfahren anhand einer Steckbriefaufgabe

Um Steckbriefaufgaben mit dem Gauß-Verfahren lösen zu können, benötigen wir die formellen Anforderungen der Kurvendiskussion zum Aufstellen der Gleichungen.

Gauß-Verfahren

Steckbrief-aufgabe Beispiel

Beispiel: Gesucht ist eine Funktion 3. Grades, welche im Punkt $W(2|14)$ eine Wendetangente aufweist und der Punkt somit einen Wendepunkt darstellt. Die Wendetangente weist ferner die Steigung 15 auf. Zudem besitzt die Funktion bei $x = 1$ eine Nullstelle.

1. Schritt Zunächst einmal müssen wir bestimmen, wie die Gleichung aussieht. Die Angabe eine Funktion 3. Grades bedeutet:

$$f(x) = ax^3 + bx^2 + cx + d$$

2. Schritt Um alle Kriterien aus der Kurvendiskussion nutzen zu können, benötigen wir die ersten beiden Ableitungen:

$$f'(x) = 3ax^2 + 2bx + c \qquad \text{und} \qquad f''(x) = 6ax + 2b$$

3. Schritt Nun müssen wir die verwendeten Angaben nutzen, um 4 Gleichungen aufzustellen, da wir 4 Unbekannte haben.

Aus dem Wendepunkt in Kombination mit der Wendetangente können wir folgende Gleichungen bestimmen:

$$\begin{aligned}
\text{Wendepunkt bei } W(2|14): \quad f(2) &= 14 \\
\Rightarrow \quad 14 &= 8a + 4b + 2c + d \\
\text{Bedingung für Wendepunkt bei } W(2|14): \quad f''(2) &= 0 \\
\Rightarrow \quad 0 &= 12a + 2b \\
\text{Steigung der Wendetangente } m_T = 15: \quad f'(2) &= 15 \\
\Rightarrow \quad 15 &= 12a + 4b + c
\end{aligned}$$

Die Nullstelle können wir wie folgt in eine Gleichung fassen:

$$\begin{aligned}
\text{Nullstelle bei } NS(1|0): \quad f(1) &= 0 \\
\Rightarrow \quad 0 &= a + b + c + d
\end{aligned}$$

Wir haben aus den gegebenen Bedingung also 4 Gleichungen aufstellen können, die wir zum Bestimmen der 4 Unbekannten auch benötigen.

4. Schritt Nun wenden wir den Gauß an und sortieren die Gleichungen zum einem nach „Einfachheit" aufsteigend und zum anderen nach der Zahl der Buchstaben absteigend. Anschließend eliminieren wir analog zum Additionsverfahren eine Unbekannte nach der anderen.

		a	b	c	d
Pivotzeile - bleibt gleich	0	1	1	1	1
	14	8	4	2	1
	15	12	4	1	0
	0	12	2	0	0

		a	b	c	d
	0	1	1	1	1
Ergebnis: $(-1) \cdot \text{I} + \text{II}$	14	7	3	1	0
	15	12	4	1	0
	0	12	2	0	0

		a	b	c	d
1. Pivotzeile	0	1	1	1	1
2. Pivotzeile	14	7	3	1	0
Ergebnis: (−1) · II + III	1	5	1	0	0
	0	12	2	0	0

		a	b	c	d
1. Pivotzeile	0	1	1	1	1
2. Pivotzeile	14	7	3	1	**0**
3. Pivotzeile	1	5	1	**0**	**0**
Ergebnis: (−2) · III + IV	-2	2	**0**	**0**	**0**

Als nächstes lösen wir nach Buchstaben auf und arbeiten uns von unten nach oben. Dabei setzen wir die errechneten Ergebnisse der Unbekannten direkt ein:

aus IV:	-2	$=$	$2a$	$\Rightarrow$	a	$=$	-1
aus III:	1	$=$	$5a+b$	$\Rightarrow$	b	$=$	6
aus II:	14	$=$	$7a+3b+c$	$\Rightarrow$	c	$=$	3
aus I:	0	$=$	$a+b+c+d$	$\Rightarrow$	d	$=$	-8

Somit ergibt sich folgende Funktion: $f(x) = -x^3 + 6x^2 + 3x - 8$

Typische Bedingungen bei Steckbriefaufgaben:

...hat im Punkt (3|4)...	$f(3) = 4$
...geht durch den Ursprung...	$f(0) = 0$
...schneidet die x-Achse bei 5 ...	$f(5) = 0$
...hat bei $x = 3$ die Steigung $m = -1$...	$f'(3) = -1$
... ist bei $x = 4$ parallel zur Geraden $y = 2x + 3$...	$f'(4) = 2$
... schneidet die y-Achse bei 8	$f(0) = 8$
...hat einen Extrempunkt bei E (0|5)...	$f(0) = 5, f'(0) = 0$
...berührt die x-Achse bei 5...	$f(5) = 0, f'(5) = 0$
...hat bei $x = -5$ einen Wendepunkt...	$f''(-5) = 0$
...seine Wendetangente bei $x = -2$...	$f''(-2) = 0$

Aufgaben

A.5.1 Die Wendetangente an den Graphen einer ganzrationalen Funktion dritten Grades im Punkt $P(0|1)$ weist die Steigung -24 auf. Hoch- und Tiefpunkt der Funktion liegen jeweils zwei Einheiten von der Ordinaten-Achse entfernt.

A.5.2 Gesucht ist eine Funktion vierten Grades, deren Graph symmetrisch zur y-Achse ist und in $(2|0)$ einen Wendepunkt mit der Steigung -8 besitzt.

A.5.3 Gesucht ist eine Funktion dritten Grades, deren Graph den Ursprung als Symmetriezentrum und den Punkt $(-2|-4)$ als Tiefpunkt besitzt.

6 Extremwertaufgaben

Bestandteile von Extremwertaufgaben

- Hauptbedingung (HB)
- Nebenbedingung (NB)
- Zielfunktion (ZF)

Die Hauptbedingung stellt immer den zu maximierenden oder minimierenden Teil der Aufgabe dar. Die Nebenbedingung ergibt sich aus der Aufgabe und wird so aufgelöst, dass wir über das Einsetzungsverfahren in die Hauptbedingung die Zielfunktion erhalten. Anschließend bilden wir die erste Ableitung der Zielfunktion und setzen diese gleich Null. Mit den uns bekannten Methoden erhalten wir Werte, welche die Hauptbedingung maximieren oder minimieren.

Ablauf

Beispiel
Punkt auf Graph

Beispiel
max. Volumen

Beispiel: Wir haben einen 20 cm langen Draht gegeben und sollen daraus nun ein Rechteck mit maximaler Fläche bilden.

$$\begin{aligned} \textbf{HB - Flächeninhalt Rechteck:} \quad A &= a \cdot b \\ \textbf{NB - Umfang Rechteck mit Länge des Drahts:} \quad U &= 2a + 2b \\ \Rightarrow \quad 20 &= 2a + 2b \end{aligned}$$

Die Hauptbedingung ist der Flächeninhalt des Rechtecks, da dieser maximal groß werden soll. Durch den vorgegebenen Draht erhalten wir die Nebenbedingung. Denn der Umfang muss die Länge des Drahts annehmen, welcher 20 cm lang ist. Die Nebenbedingung formen wir nach einer Unbekannten um und setzen die Gleichung in die Hauptbedingung ein. Das Ergebnis ist dann die Zielfunktion:

$$\begin{aligned} \text{aus NB folgt:} \quad 10 - a &= b \\ \text{in HB einsetzen:} \quad A(a) &= a \cdot (10 - a) \\ \Leftrightarrow \quad A(a) &= 10a - a^2 \qquad \textbf{(ZF)} \end{aligned}$$

Die Zielfunktion ist nur noch abhängig von a. Wir bilden die Ableitung und setzen die Gleichung gleich 0:

$$\begin{aligned} A'(a) &= 10 - 2a \overset{!}{=} 0 \quad &| +2a \\ \Leftrightarrow \quad 10 &= 2a \quad &| \div 2 \\ \Leftrightarrow \quad 5 &= a \end{aligned}$$

Um nachzuweisen, ob es sich tatsächlich um ein Maximum, also einen „Hochpunkt" handelt, muss die zweite Ableitung kleiner Null sein:

$$A''(a) = -2 < 0 \quad \checkmark$$

Eingesetzt in die Nebenbedingung $10 - a = b$ erhalten wir $b = 5$. Daraus folgt, dass das Rechteck mit die Seitenlängen $a = b = 5$ den größten Flächeninhalt $A_{\text{max}} = 5 \cdot 5 = 25\ \text{cm}^2$ besitzt.

Aufgaben

A.6.1 Mit einem Zaun in der Länge von 200 m soll eine Weide rechteckig eingegrenzt werden. Auf der einen Seite befindet sich ein Fluss. Somit muss dort kein Zaun gezogen werden. Finde die Maße des Rechteckes, welches den größten Flächeninhalt aufweist, heraus. Skizziere den Sachverhalt dazu.

A.6.2 Gegeben ist die Funktion $f(x) = -2x^2 + 4$. Unter dem Graphen (s. Skizze) befindet sich ein achsenparalleles Rechteck mit der Breite s und der Länge t. Die linke untere Ecke liegt im Ursprung, die rechte obere Ecke befindet sich auf dem Funktionsgraphen. Wie muss der Punkt B gewählt werden, damit die Fläche des Rechteckes maximiert wird?

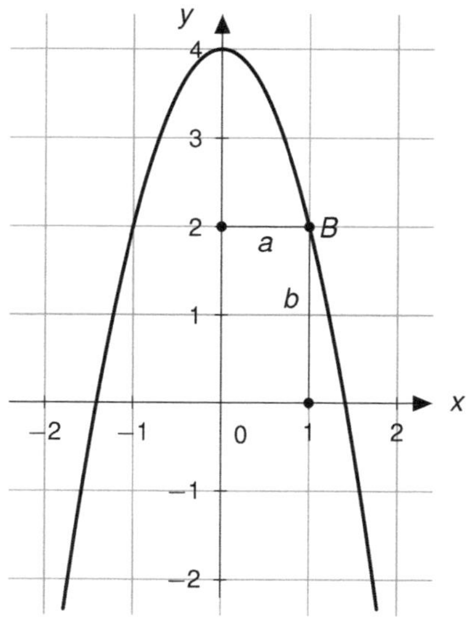

7 Exponentialfunktionen

Grundlagen

Allgemeine Form: $f(x) = a \cdot b^x$

Gleichungen lösen: $8 = 2^x$ können wir durch Logarithmieren lösen:

$\log_2 8 = 3$

Weitere Rechenregeln: $\ln(u \cdot v) = \ln(u) + \ln(v)$

$\ln\left(\frac{u}{v}\right) = \ln(u) - \ln(v)$

Überleitung: $b = e^{\ln(b)}$ z.B.: $1{,}2^x = \left(e^{\ln(1{,}2)}\right)^x = e^{0{,}18 \cdot x}$

Exponentialfunktionen des Typs $f(x) = a \cdot b^x$ sind nur für $b > 0$ definiert. Mit $a > 0$ haben diese Funktionen alle positiven reellen Zahlen als Wertebereich. Ist $a < 0$ gelten diese Funktionen entsprechend umgedreht.

Einstieg

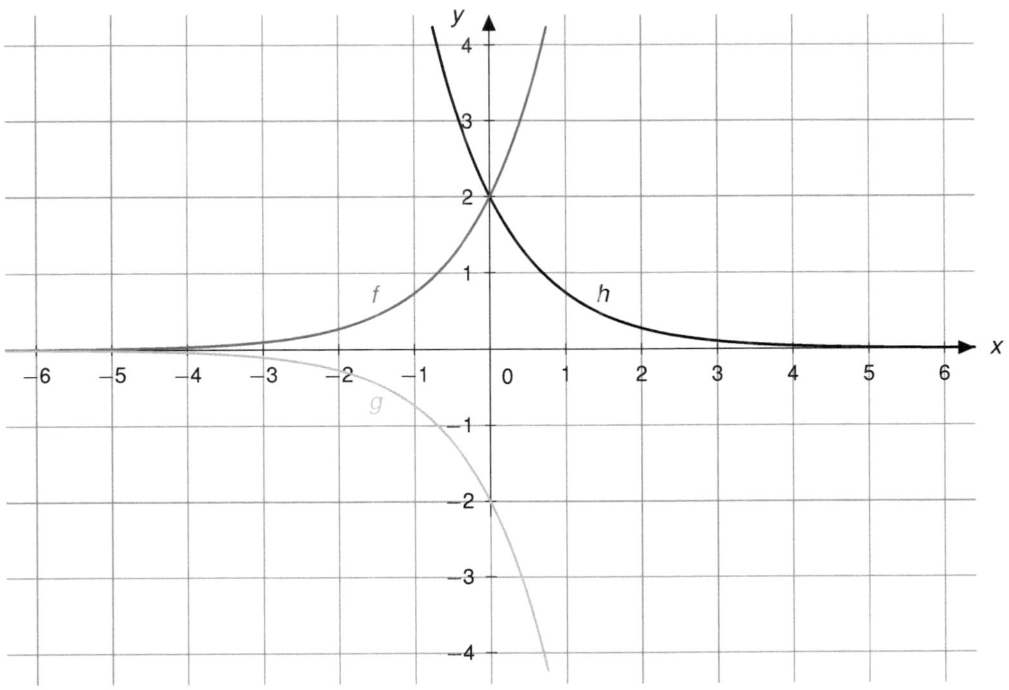

Wir unterscheiden Fall 1 und 2:

Fall 1: $a > 0$

- Ist $b > 0$, steigt die Funktion streng monoton.
- Gilt $0 < b < 1$ fällt die Funktion streng monoton.
- Ist der Exponent negativ, also $f(x) = a \cdot b^{-x}$, ist der Graph entsprechend symmetrisch zum Ausgangsfall.
- a ist der Abstand zwischen dem y-Achsenabschnitt und der Asymptote.
- y tendiert Richtung 0, wenn $b > 1$ ist und x-Richtung negativer Unendlichkeit betrachtet wird. Somit ist die negative x-Achse die Asymptote.
- Ist $0 < b < 1$ und x wird in positiver Unendlichkeit betrachtet, tendiert y ebenfalls Richtung 0. Jedoch ist die positive x-Achse die Asymptote. (Wichtig: Wird eine Konstante c an $f(x)$ angefügt, ändert sich die Asymptote entsprechend.)

Aufgaben

A.7.1 Experimentiere mit dem Taschenrechner für den Fall, $a < 0$ ist und lege Eigenschaften für Fall 2 fest.

A.7.2 Bestimme näherungsweise die Funktionsgleichungen der oberen Graphen. Der Rechenweg ist nachvollziehbar darzustellen.

Beispielhaft für die Funktion f:
a ist der Abstand zwischen der Asymptote und dem y-Achsenabschnitt, also $a = 2$. Zudem lesen wir den Punkt (0,5|3,3) aus der Skizze ab, welchen wir in die allgemeine Form einsetzen:

$$3{,}3 = 2 \cdot b^{0{,}5} \Leftrightarrow 1{,}65 = b^{0{,}5} \Leftrightarrow b \approx 2{,}72$$

Somit lautet die gesuchte Funktion: $f(x) = 2 \cdot 2{,}72^x$

A.7.3 Die Einwohnerzahl in Deutschland betrug 1990 rund 80 Millionen Einwohner. Wir nehmen an, das Bevölkerungswachstum sei bis 1994 um 8% gestiegen.

a) Stelle den Funktionsterm für $f(x) = a \cdot b^x$ auf.

b) Berechne die Einwohnerzahl im Jahr 2016.

7.1 Basis *e*

Exponentialfunktionen zur Basis *e* werden folgendermaßen angegeben:

$$f(t) = a \cdot e^{k \cdot t}$$

a gibt den Anfangswert an, *t* steht in der Regel für *time* (also Zeit) und *k* ist ein Parameter, den wir bestimmen können.

Verdopplungs- und Halbwertszeit

Typisch für exponentielles Wachstum ist die *Verdopplungszeit bzw. Generationszeit*, wo gefragt wird, wann der doppelte Startwert (oder Anfangsbestand) erreicht wird und die *Halbwertszeit* (bei exponentieller Abnahme), wo gefragt wird, wann der halbe Startwert (oder Anfangsbestand) erreicht wird. Allgemein gilt:

Verdopplungs-/ Halbwertszeit

Verdopplungszeit

$$2 = e^{k \cdot t} \Leftrightarrow t = \frac{\ln(2)}{k}$$

Es handelt sich um einen Wachstumsprozess.

Halbwertszeit

$$0{,}5 = e^{k \cdot t} \Leftrightarrow t = \frac{\ln(0{,}5)}{k}$$

Es handelt sich um einen Zerfallsprozess.

Aufgaben

A.7.1.1 Das wöchentliche Wachstum einer Pflanze (in Metern) wird annäherungsweise durch die Funktion $f(t) = 0{,}02 \cdot e^{k \cdot t}$ beschrieben.

a) Welche Höhe weist die Pflanze zu Beginn der Beobachtung auf?

b) Nach 6 Wochen hat die Pflanze eine Größe von 40 cm auf. Bestimme *k*.

c) Wie hoch ist die Pflanze nach 3 Wochen?

d) Wann hat die Pflanze 2 Meter erreicht?

A.7.1.2 Bestimme die Verdopplungszeit aus der vorherigen Pflanzenaufgabe.

7.2 Schnittpunkte mit den Achsen

Zur Berechnung von Nullstellen setzen wir, wie bei ganzrationalen Funktionen, die Funktion gleich Null. **Beispiel**:

$$f(x) = (2x + 1) \cdot e^{2x} \stackrel{!}{=} 0$$

Wir rechnen in zwei Schritten, da wir die Regel des Nullproduktes anwenden:

$$\begin{aligned} \Rightarrow\quad 2x + 1 &= 0 && \mid -1 \\ \Leftrightarrow\quad 2x &= -1 && \mid \div 2 \\ \Leftrightarrow\quad x &= -0{,}5 \end{aligned}$$

$$\begin{aligned} \Rightarrow\quad e^{2x} &= 0 && \mid \ln \\ \Leftrightarrow\quad 2x &= \ln(0) && \text{↯ nicht lösbar} \end{aligned}$$

Da ln(0) nicht definiert ist, können wir den Teil der Gleichung nicht mehr lösen. Aus diesem Grund haben wir lediglich eine Nullstelle bei $NS(-0{,}5|0)$.

Um den y-Achsenschnittpunkt zu berechnen, setzen wir $x = 0$:

$$f(0) = (2 \cdot 0 + 1) \cdot e^{2 \cdot 0} = e^0 = 1$$

Der y-Achsenabschnitt liegt also im Punkt $(0|1)$.

8 Integralrechnung

8.1 Ober- und Untersumme

Eine Stammfunktion der Randfunktion bildet die Flächeninhaltsfunktion. Der Flächeninhalt lässt sich über die Ober- oder Untersumme bestimmen. **Beispiel**: Wir betrachten die Rechnung anhand der Funktion $f(x) = x^2$.

Ober-
/Untersumme

Wir berechnen die Ober- und Untersumme im Intervall [0; 2] mit einer Einteilung von 4 gleich breiten Streifen. Daraus folgt für die Breite der Rechtecke je 0,5.

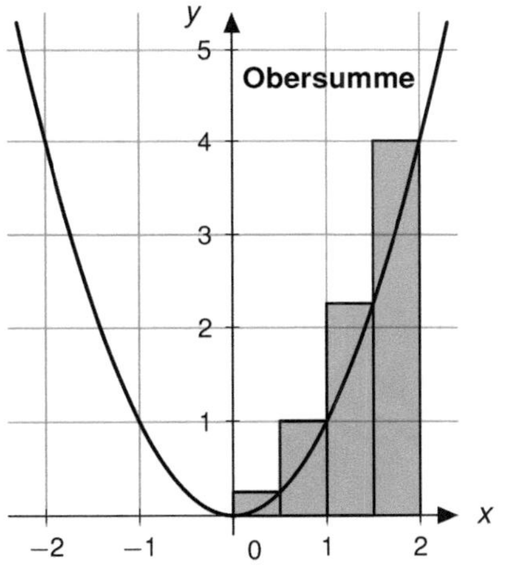

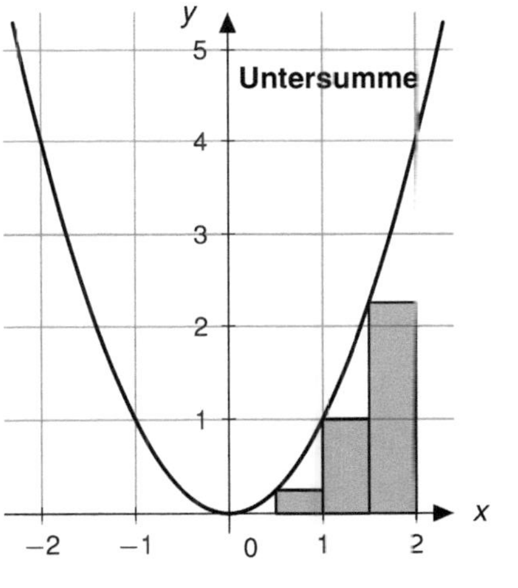

Die **Obersumme** beschreibt den Flächeninhalt der Streifen, welche sich oberhalb des Graphens befinden.

$$OS_4 = \frac{1}{2} \cdot f\left(\frac{1}{2}\right) + \frac{1}{2} \cdot f(1) + \frac{1}{2} \cdot f(1{,}5) + \frac{1}{2} \cdot f(2)$$
$$= \frac{1}{2} \cdot \frac{1}{4} + \frac{1}{2} \cdot 1 + \frac{1}{2} \cdot 2{,}25 + \frac{1}{2} \cdot 4 = 3{,}75$$

Die **Untersumme** beschreibt den Flächeninhalt der Streifen, welche sich unterhalb des Graphens befinden.

$$US_4 = \frac{1}{2} \cdot f\left(\frac{1}{2}\right) + \frac{1}{2} \cdot f(1) + \frac{1}{2} \cdot f(1{,}5) = \frac{1}{2} \cdot \frac{1}{4} + \frac{1}{2} \cdot 1 + \frac{1}{2} \cdot 2{,}25 = 1{,}75$$

8.2 Integrieren

Flächenberechnungen mittels Ober- und Untersummen führen zum gewünschten Ziel, sind aber langwierig und umständlich, um ein vernünftiges Ergebnis zu erhalten. Ziel ist es daher, einfachere Rechenregeln zum Berechnen für bestimmte Integrale zu finden.

„Aufleiten“

Zur Bildung der Flächeninhaltsfunktion müssen wir integrieren (umgangssprachlich „Aufleiten “) können.

Regel zum Integrieren

$$f(x) = ax^n \quad \Rightarrow \quad F(X) = \frac{1}{n+1}ax^{n+1} + C$$

Beispiel: Aus

$$f(x) = 3x^3 - 4x^2 + 1$$

ergibt sich:

$$F(x) = \frac{3}{4}x^4 - \frac{4}{3}x^3 + x + C$$

8.3 Bestimmung von Flächeninhalten

Wir können die Integralrechnung zur Berechnung von Flächeninhalten verwenden. Wenn Grenzwerte gegeben sind, liegt ein bestimmtes Integral vor. Im Folgenden schauen wir uns Beispiele zu verschiedenen Problemstellungen an. Berechnung der Fläche

zwischen Graph und x-Achse

zwischen Graph und x-Achse

Vorgehen

- Die Nullstellen bestimmen, um die Grenzen zu erhalten.
- Ist die Fläche stets oberhalb der x-Achse, die bestimmt wird, können wir ganz normal das Integral berechnen.

Merke: Wenn die Funktion im zu berechnendem Intervall einen Vorzeichenwechsel hat, ist ein Teil der Fläche unterhalb der x-Achse und ein Teil oberhalb. Die Fläche unterhalb der x-Achse muss dann im Betrag genommen werden.

Beispiel: Gegeben sei die Funktion $f(x) = -x^2 + 7x - 10$ (siehe Abbildung) und es soll die Fläche berechnet werden, die von dem Graph und der x-Achse eingeschlossen wird. Zunächst berechnen wir die Nullstellen: $x_1 = 2$ und $x_2 = 5$. Das sind gleichzeitig unsere Integrationsgrenzen. Es folgt für die Fläche

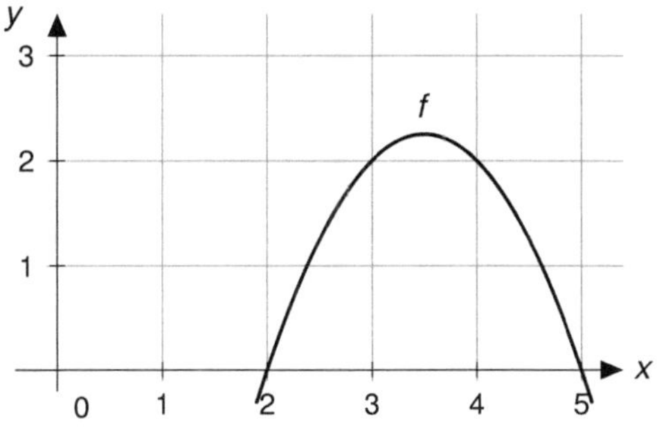

$$\int_2^5 -x^2 + 7x - 10 \,\mathrm{d}x = \left[-\frac{x^3}{3} + \frac{7x^2}{2} - 10x\right]_2^5$$

$$= \left(-\frac{5^3}{3} + \frac{7 \cdot 5^2}{2} - 10 \cdot 5\right) - \left(-\frac{2^3}{3} + \frac{7 \cdot 2^2}{2} - 10 \cdot 2\right) = 4{,}5 \text{ [FE]}$$

zwischen Graph und x-Achse im Intervall von $[2, 4]$

Beispiel: In der nebenstehenden Abbildung soll die Fläche einer Funktion $f(x)$ im Intervall $[0, 2]$ bestimmt werden.

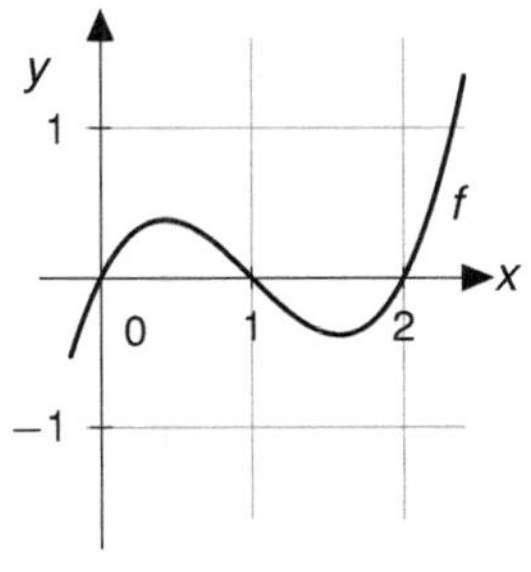

$$\int_0^2 f(x) \,\mathrm{d}x = 0$$

gibt hierbei nicht den gesuchten Flächeninhalt an, sondern den Integralwert!

Aus diesem Grund ist die Berechnung der Nullstellen wichtig. Da bei der Funktion $f(x) = x^3 - 3x^2 + 2x$ eine Nullstelle bei $x = 1$ vorliegt, also innerhalb der angegebenen Integrationsgrenzen, gibt es einen Vorzeichenwechsel und ein Teil des Graphen muss unterhalb der x-Achse liegen. Tipp: Teilfläche A_1 von unterer Grenze zur Nullstelle und Teilfläche A_2 von Nullstelle zu oberer Grenze berechnen. Es folgt mit

$$A_1 = \left|\int_0^1 f(x) \,\mathrm{d}x\right| = 0{,}25 \text{ [FE]} \quad \text{und} \quad A_2 = \left|\int_1^2 f(x) \,\mathrm{d}x\right| = |-0{,}25| = 0{,}25 \text{ [FE]}$$

der gesuchte Flächeninhalt $A_{ges} = 0{,}25 + 0{,}25 = 0{,}5$ [FE].

zwischen zwei Graphen

Wenn f und g zwei Funktionen sind, die auf dem Intervall $[a; b]$ stetig sind und $f(x) \geq g(x)$ für alle $x \in [a; b]$ gilt, dann ist die Fläche, die von beiden Funktionen eingeschlossen wird

$$A = \int_a^b (f(x) - g(x)) \,\mathrm{d}x = [F(x) - G(x)]|_a^b = (F(b) - G(b)) - (F(a) - G(a)).$$

zwischen
2 Graphen

Beispiel: Bestimme den Flächeninhalt, der von den Funktionen

$$f(x) = -\frac{x^2}{12} + 3 \quad \text{und} \quad g(x) = \frac{x^2}{6} + 1$$

eingeschlossen wird. Hierfür benötigen wir zunächst die Schnittpunkte der beiden Funktionen.

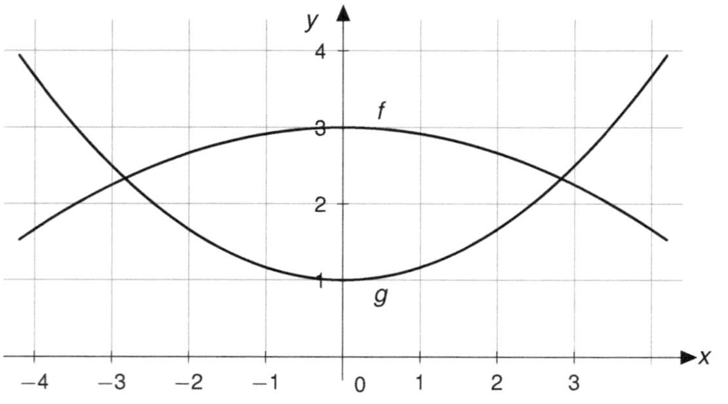

Dazu setzen wir beide Funktionen gleich und erhalten:

$$f(x) = g(x)$$

$$-\frac{x^2}{12} + 3 = \frac{x^2}{6} + 1$$

$$x_1 = -\sqrt{8} \wedge x_2 = \sqrt{8}$$

Nun haben wir alle Informationen um die Fläche zwischen den beiden Graphen durch folgendes Integral zu berechnen:

$$\int_{-\sqrt{8}}^{\sqrt{8}} (f(x) - g(x))\,dx = \int_{-\sqrt{8}}^{\sqrt{8}} -\frac{x^2}{12} + 3 - \left(\frac{x^2}{6} + 1\right)\,dx = \int_{-\sqrt{8}}^{\sqrt{8}} -\frac{x^2}{4} + 2\,dx$$

Zu beachten: Wenn sich zwei Graphen schneiden, wird ab dem Schnittpunkt aus der oberen Funktion die untere. Wir würden nun einen negativen Flächeninhalt herausbekommen, also müssen wir Betragsstriche setzen. Dann weiter vorgehen wie in dem Beispiel zuvor.

Aufgaben

A.8.3.1 Berechne den Flächeninhalt, der zwischen $f(x)$, den Senkrechten $x = a$ bzw. $x = b$ sowie der x-Achse liegt:

a) $f(x) = x^2 - 1$ mit $a = -1$ und $b = 2$

b) $f(x) = -x^2 - 4x - 3$ mit $a = -4$ und $b = -1$

A.8.3.2 Berechne den Flächeninhalt, der durch die Schaubilder der Funktionen $f(x)$ und $g(x)$ eingeschlossen wird:

a) $f(x) = x^2 + 2$, $g(x) = -x^2 + 3$

b) $f(x) = 3x$, $g(x) = -x + 2$ und der x-Achse

9 Analytische Geometrie

9.1 Grundlagen

Bisher haben wir Punkte im zweidimensionalen Koordinatensystem gezeichnet. Dieses erweitern wir nun um eine weitere Achse. Somit haben wir x-, y-, und z-Achsen. Um Punkte zu zeichnen, müssen wir zunächst entlang der x-Achse, dann der y-Achse und zuletzt der z-Achse gehen. Wir zeichnen die Punkte

Punkte ablesen

$$A(2|2|4) \quad \text{und} \quad B(-1|-3|2)$$

in das dreidimensionale Koordinatensystem.

Formal lassen sich die Punkte mit $A(a_1|a_2|a_3)$ und $B(b_1|b_2|b_3)$ erfassen, wobei die erste Komponente die Schritte in x-Richtung, die zweite Komponente die Schritte in y-Richtung und die dritte Komponente die Schritte in z-Richtung angibt.
Aus diesen ergeben sich sogenannte **Vektoren**. Dabei handelt es sich um Pfeilklassen mit der gleichen Länge und der gleichen Richtung.
Ist ein Vektor $\overrightarrow{v}$ gegeben, so stellen wir den **Gegenvektor** mit $-\overrightarrow{v}$ dar.

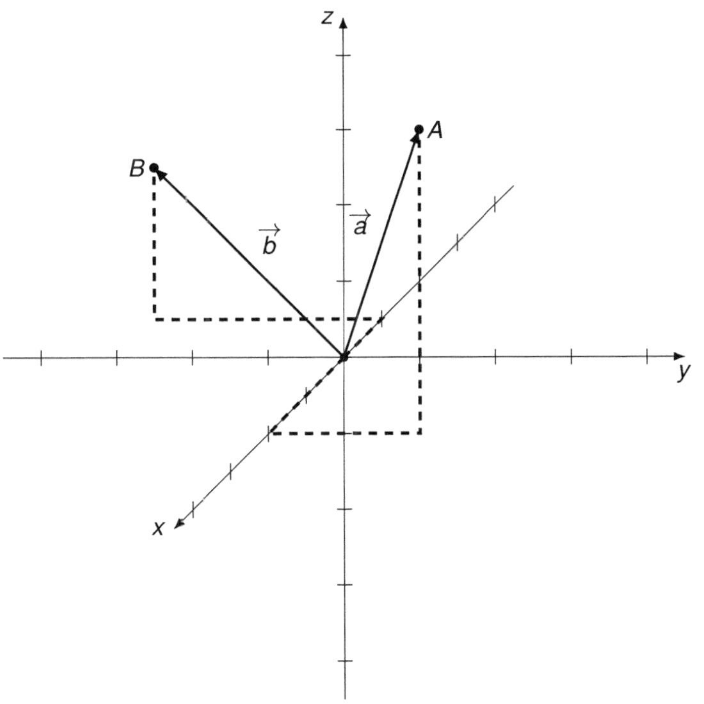

Aufgabe

A.9.1.1 Bestimme die Gegenvektoren der oben genannten Punkte.

Abstand zwischen Punkten

Abstand

Den Abstand zweier Punkte erhalten wir durch folgende Formel:

Punkt-Abstands-Formel (3-D)

$$d = \sqrt{(b_1 - a_1)^2 + (b_2 - a_2)^2 + (b_3 - a_3)^2}$$

Beispiel: Bestimme den Abstand der beiden Punkte A und B. Einsetzen in die Formel liefert:

$$d = \sqrt{(4-2)^2 + (6-2)^2 + (2-4)^2} = \sqrt{(2)^2 + (4)^2 + (-2)^2} = \sqrt{24}\ [\text{LE}]$$

Aufgabe

A.9.1.2 Zeichne die folgenden Punkte in ein Koordinatensystem und bestimme, um welche Figur es sich handelt. Berechne anschließend den Umfang der Figur und gib den Flächeninhalt an.

$$A(1|1|0) \qquad B(1|4|0) \qquad C(0|1|3) \qquad D(0|4|3)$$

Grundlagen

Die eben genannten Punkte können wir als sogenannte Ortsvektoren erfassen. Diese entsprechen also den gleichen Koordinaten wie der Punkt.

$$\vec{a} = \overrightarrow{0A} = \begin{pmatrix} 1 \\ 1 \\ 1 \end{pmatrix} - \begin{pmatrix} 0 \\ 0 \\ 0 \end{pmatrix} = \begin{pmatrix} 1 \\ 1 \\ 1 \end{pmatrix}$$

Analog funktioniert die Berechnung zwischen zwei Punkten. Der zweite Punkt steht in der Rechnung zuerst. Aus zwei Punkten im dreidimensionalem Raum $A(a_1|a_2|a_3)$ und $B(b_1|b_2|b_3)$ erhalten wir den Vektor:

Vektor zweier Punkte (3-D)

$$\overrightarrow{AB} = \begin{pmatrix} b_1 \\ b_2 \\ b_3 \end{pmatrix} - \begin{pmatrix} a_1 \\ a_2 \\ a_3 \end{pmatrix} = \begin{pmatrix} b_1 - a_1 \\ b_2 - a_2 \\ b_3 - a_3 \end{pmatrix}$$

Aufgabe

A.9.1.3 Berechne die Ortsvektoren für B, C, und D aus der vorherigen Aufgabe.

A.9.1.4 Gib die Vektoren $\overrightarrow{AB}$ und $\overrightarrow{BC}$ aus der vorherigen Aufgabe an.

Länge von Vektoren

Haben wir die Vektoren bestimmt, können wir die Länge über den Betrag bestimmen. Dazu setzen wir die Koordinaten des Vektors in die Formel ein:

Länge von Vektoren

$$|\vec{a}| = \sqrt{a_1^2 + a_2^2 + a_3^2}$$

Beispiel: Bestimme die Länge des Vektors $\vec{m}$. Unter Verwendung der Formel folgt

$$\vec{m} = \begin{pmatrix} 2 \\ 2 \\ 4 \end{pmatrix} \quad \Rightarrow \quad |\vec{m}| = \sqrt{2^2 + 2^2 + 4^2} \approx 4{,}9 \text{ [LE]}$$

Rechnen mit Vektoren

Addieren/Subtrahieren

Rechenregel gilt für + und −, kurz: ±

$$\vec{a} \pm \vec{b} = \begin{pmatrix} a_1 \\ a_2 \\ a_3 \end{pmatrix} \pm \begin{pmatrix} b_1 \\ b_2 \\ b_3 \end{pmatrix} = \begin{pmatrix} a_1 \pm b_1 \\ a_2 \pm b_2 \\ a_3 \pm b_3 \end{pmatrix}$$

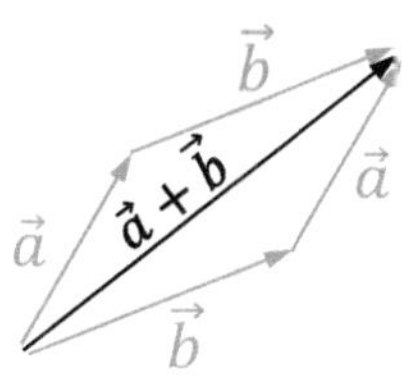

Rechnen mit Vektoren

Beispiel:

$$\begin{pmatrix} 2 \\ -1 \\ 5 \end{pmatrix} + \begin{pmatrix} 8 \\ 1 \\ -3 \end{pmatrix} = \begin{pmatrix} 2 + 8 \\ -1 + 1 \\ 5 + (-3) \end{pmatrix} = \begin{pmatrix} 10 \\ 0 \\ 2 \end{pmatrix}$$

Multiplikation mit Zahl

Länge des Vektors ändert sich! Richtung bleibt gleich.

$$2 \cdot \begin{pmatrix} 2 \\ 2 \\ 2 \end{pmatrix} = \begin{pmatrix} 2 \cdot 2 \\ 2 \cdot 2 \\ 2 \cdot 2 \end{pmatrix} = \begin{pmatrix} 4 \\ 4 \\ 4 \end{pmatrix}$$

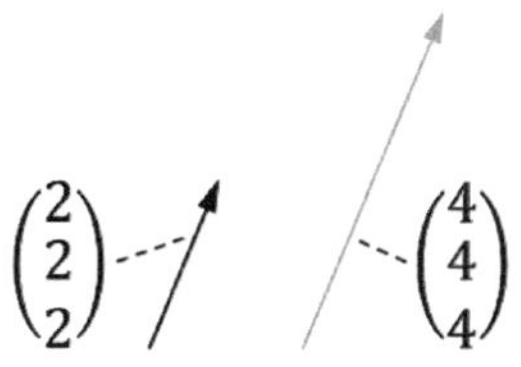

Skalarprodukt

Skalarprodukt

Das Skalarprodukt (auch inneres Produkt, selten Punktprodukt genannt) ist eine mathematische Verknüpfung, die zwei Vektoren eine Zahl (Skalar) zuordnet. Um es nicht mit dem Malzeichen „·“ zu verwechseln, benutzen wir im Folgenden für das Skalarprodukt „•“. Wir nutzen es für die Berechnung von Winkeln zwischen Vektoren. Als allgemeines Rechenbeispiel folgt für Vektoren des $\mathbb{R}^3$:

$$\vec{a} \bullet \vec{b} = \begin{pmatrix} a_1 \\ a_2 \\ a_3 \end{pmatrix} \bullet \begin{pmatrix} b_1 \\ b_2 \\ b_3 \end{pmatrix} = a_1 \cdot b_1 + a_2 \cdot b_2 + a_3 \cdot b_3$$

Beispiel:

1) $\begin{pmatrix} 2 \\ 1 \\ 3 \end{pmatrix} \bullet \begin{pmatrix} 1 \\ 4 \\ 1 \end{pmatrix} = 2 \cdot 1 + 1 \cdot 4 + 3 \cdot 1 = 9$ 2) $\begin{pmatrix} 2 \\ 0 \\ 1 \end{pmatrix} \bullet \begin{pmatrix} -1 \\ 2 \\ 2 \end{pmatrix} = -2 + 0 + 2 = 0$

Achtung: Wenn das Ergebnis 0 ist, dann sind die beiden Vektoren senkrecht (orthogonal) zueinander!

Wofür wir das Skalarprodukt brauchen:

- Winkelberechnung zwischen Vektoren in der Ebene (2D):
  $\cos(\alpha) = \frac{\vec{a} \bullet \vec{b}}{|\vec{a}| \cdot |\vec{b}|} = \frac{a_1 \cdot b_1 + a_2 \cdot b_2}{\sqrt{a_1^2 + a_2^2} \cdot \sqrt{b_1^2 + b_2^2}}$
- Winkelberechnung zwischen Vektoren im Raum (3D):
  $\cos(\alpha) = \frac{\vec{a} \bullet \vec{b}}{|\vec{a}| \cdot |\vec{b}|} = \frac{a_1 \cdot b_1 + a_2 \cdot b_2 + a_3 \cdot b_3}{\sqrt{a_1^2 + a_2^2 + a_3^2} \cdot \sqrt{b_1^2 + b_2^2 + b_3^2}}$
- Prüfung, ob Orthogonalität vorliegt:
  Wenn $\vec{a}$ und $\vec{b}$ orthogonal sind, dann gilt: $\vec{a} \bullet \vec{b} = 0$.

Winkel

Sind die Vektoren nicht orthogonal, können wir den Winkel zwischen zwei Vektoren bestimmen. Dazu nutzen wir folgende Formel:

Winkel

Winkel zwischen zwei Vektoren

$$\cos(\alpha) = \frac{\vec{a} \bullet \vec{b}}{|\vec{a}| \cdot |\vec{b}|}$$

Aufgaben

A.9.1.5 Sind die Vektoren $\vec{a} = \begin{pmatrix} 3 \\ -2 \\ 1 \end{pmatrix}$ und $\vec{b} = \begin{pmatrix} 1 \\ 1 \\ 2 \end{pmatrix}$ orthogonal zueinander?

A.9.1.6 Verwende die Formel unter Nutzung der zuvor genannten Vektoren und Berechnungsverfahren. Berechne also den Winkel zwischen $\vec{a}$ und $\vec{b}$ aus der vorherigen Aufgabe.

9.2 Linearkombination

Um zu bestimmen, ob sich ein Vektor $\vec{c}$ durch die Vektoren $\vec{a}$ und $\vec{b}$ darstellen lässt, müssen wir folgende Gleichung aufstellen:

$$\vec{c} = r \cdot \vec{a} + s \cdot \vec{b}$$

Linear-kombination

Aufgabe

A.9.2.1 Bestimme die Ortsvektoren aus den Punkten $A(1|2|3)$, $B(1|4|0)$ und $C(9|4|11)$. Erstelle die Gleichung und bestimme r und s. Setze deine Ergebnisse in die 3. Gleichung ein. Was stellst du fest?

Kollinear

Kollinear
Lassen sich Vektoren als ein Vielfaches eines anderen Vektors darstellen, sind diese kollinear, also parallel. Es gilt:

$$\vec{a} = s \cdot \vec{b} \quad \text{oder} \quad \vec{b} = s \cdot \vec{a}$$

Komplanar

Komplanar
Kann einer von drei Vektoren als Linearkombination dargestellt werden, sind diese komplanar. Es gilt also:

$$\vec{c} = r \cdot \vec{a} + s \cdot \vec{b} \quad \text{oder} \quad \vec{b} = r \cdot \vec{a} + s \cdot \vec{c} \quad \text{oder} \quad \vec{a} = r \cdot \vec{b} + s \cdot \vec{c}$$

Lineare Abhängigkeit
Um festzustellen, ob Vektoren linear abhängig sind, müssen wir folgende Gleichung nutzen:

$$0 = r \cdot \vec{a} + s \cdot \vec{b} + t \cdot \vec{c}$$

Aufgabe

A.9.2.2 Prüfe, ob die Ortsvektoren der Punkte $A(2|2|4)$, $B(4|1|1)$ und $C(1|1|3)$ linear abhängig sind.

Erhältst du für alle zu bestimmenden Lösungen (in diesem Fall *r*, *s* und *t*) 0, sind die Vektoren linear unabhängig. Andernfalls liegt eine lineare Abhängigkeit vor.

9.3 Geradengleichungen im Raum

Parameterform einer Geraden (3-D)

$$g : \vec{x} = \vec{p} + s \cdot \vec{v}$$

Parameterform einer Geraden

$\vec{p}$ bezeichnet den Stützvektor, $s \in \mathbb{R}$ den Parameter und $\vec{v}$ den Richtungsvektor. Zu beachten ist, dass der Richtungsvektor nicht dem Nullvektor entsprechen darf. Aufgrund dieser Zusammensetzung nennt sich diese Form auch Parameterform oder Punkt-Richtungs-Form.

Beispiel

Zwei-Punkte-Form ($\vec{v}$ aufgegliedert)

$$\vec{v} = \vec{q} - \vec{p} \quad \Rightarrow \quad g : \vec{x} = \vec{p} + s \cdot (\vec{q} - \vec{p})$$

Aufgabe

A.9.3.1 Bestimme die Zwei-Punkte-Form und die Parameterform der Punkte $A(-3|2|-1)$ und $B(4|2|7)$.

9.3.1 Punktprobe

Wir führen eine Punktprobe durch, indem wir die Koordinaten des Punktes in die Gleichung der Geraden einsetzen. Erfüllt der Punkt die Gleichung, d.h. entsteht eine wahre Aussage, so liegt der Punkt auf der Geraden. Entsteht eine falsche Aussage, so liegt der Punkt nicht auf der Geraden. **Beispiel**: Für den Punkt $A(1|1|1)$ erhalten wir allgemein

Punktprobe

$$\vec{a} = \vec{p} + s \cdot \vec{v} \Rightarrow \begin{pmatrix} 1 \\ 1 \\ 1 \end{pmatrix} = \vec{p} + s \cdot \vec{v}$$

Aufgabe

A.9.3.2 Setze die zuvor bestimmte Geradengleichung ein und bestimme in jeder Zeile den Parameter s. Liegt der Punkt A auf der Geraden?

> **Hinweis: Erhältst du für jede Zeile die gleiche Lösung, liegt der Punkt darauf. Andernfalls nicht.**

9.3.2 Schnittpunkt zweier Geraden

Zur Berechnung des Schnittpunktes zweier Geraden setzen wir diese gleich und bestimmen die Lösung mit einem gewählten Gleichungssystem. Da wir damit nur zwei Unbekannte haben und zwei Gleichungen benötigen, können wir mit der dritten Gleichung die Punktprobe durchführen. Aus der Berechnung können mehrere Schlussfolgerungen gezogen werden:

Ablauf

Beispiel

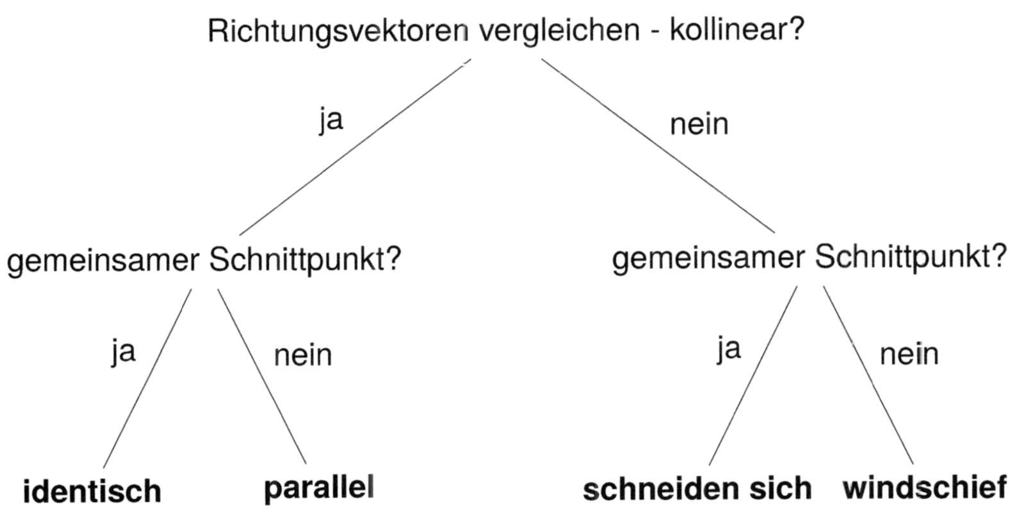

A.9.3.3 Bestimme die gegenseitige Lage folgender Geradengleichungen:

$$g : \vec{x} = \begin{pmatrix} 4 \\ 5 \\ 0 \end{pmatrix} + s \cdot \begin{pmatrix} 3 \\ -4 \\ 2 \end{pmatrix} \quad \text{und} \quad h : \vec{x} = \begin{pmatrix} 6 \\ -6 \\ 23 \end{pmatrix} + t \cdot \begin{pmatrix} -2 \\ 1 \\ 3 \end{pmatrix}$$

9.3.3 Schnittwinkel

Beispiel

Zur Berechnung der Schnittwinkel ziehen wir die Richtungsvektoren beider Geraden heran. **Beispiel**: Der Schnittwinkel der beiden Vektoren

$$r_1 = \begin{pmatrix} 3 \\ -4 \\ 2 \end{pmatrix} \quad \text{und} \quad r_2 = \begin{pmatrix} -2 \\ 1 \\ 3 \end{pmatrix}$$

beträgt

$$\cos(\alpha) = \left| \frac{\vec{r_1} \bullet \vec{r_2}}{|\vec{r_1}| \cdot |\vec{r_2}|} \right| = \left| \frac{3 \cdot (-2) + (-4) \cdot 1 + 2 \cdot 3}{\sqrt{29} \cdot \sqrt{14}} \right| = \left| \frac{-4}{\sqrt{406}} \right| \approx |-0{,}1985|$$
$$\Rightarrow \alpha = \cos^{-1}(0{,}1985) = 78{,}55^\circ$$

9.4 Ebenen erstellen

Parameterform einer Ebene

Um eine Ebene zu erstellen, ziehen wir nun neben dem Ortsvektor zwei Parameter mit deren Richtungsvektoren ein.

Parameterform einer Ebene

$$E : \vec{x} = \vec{p} + t \cdot \vec{v} + u \cdot \vec{w}$$

Beispiel: Wir stellen aus den Punkten $A(2|1|3)$, $B(4|4|4)$ und $C(1|0|-1)$ eine Ebene in Parameterform auf.

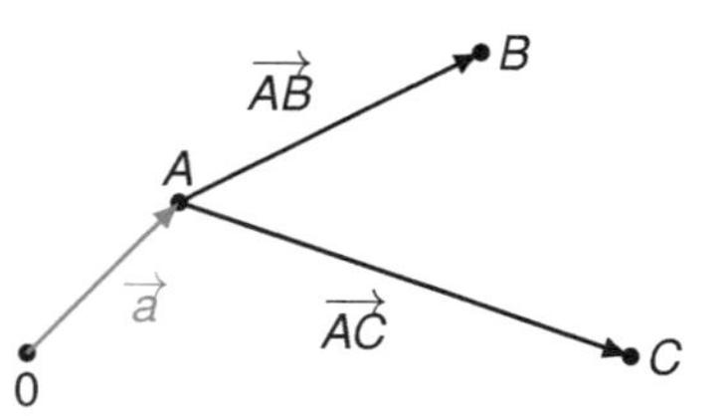

$$E : \vec{x} = \underbrace{\begin{pmatrix} 2 \\ 1 \\ 3 \end{pmatrix}}_{=\vec{a}} + t \cdot \underbrace{\begin{pmatrix} 2 \\ 3 \\ 1 \end{pmatrix}}_{=\vec{AB}} + u \cdot \underbrace{\begin{pmatrix} -1 \\ -1 \\ 4 \end{pmatrix}}_{=\vec{AC}}$$

9.4.1 Lageuntersuchung in der Ebene

Nun können wir nicht nur die Lage zweier Geraden im Raum zueinander untersuchen. Auch können wir die Lagebeziehung zwischen einer Geraden und einer Ebene analysieren. Dazu setzen wir die Geradengleichung mit der Ebenengleichung gleich. Wir haben also die Gerade

Lage-
beziehungen

$$g : \vec{x} = \vec{p} + s \cdot \vec{v}$$

und die Ebene

$$E : \vec{x} = \vec{p} + t \cdot \vec{v} + u \cdot \vec{w}$$

Zur Lageuntersuchung der Geraden und der Ebenen setzen wir diese gleich und können folgende drei Fälle erhalten:

> **Lagebeziehung bei Geraden und Ebenen**
>
> - Die Gerade und die Ebene schneiden sich: Es gibt eine Lösung des LGS.
> - Die Gerade und die Ebene sind echt parallel: Es gibt keine Lösung.
> - Die Gerade liegt in der Ebene: Es gibt unendlich viele Lösungen.

Aufgaben

A.9.4.1 Stelle eine Ebenengleichung in Parameterform aus den Punkten $A(2|3|4)$, $B(7|7|10)$ und $C(4|5|1)$ auf.

A.9.4.2 Untersuche die Lage der Gerade g und der Ebene E mit

$$g : \vec{x} = \begin{pmatrix} 2 \\ -3 \\ 2 \end{pmatrix} + r \cdot \begin{pmatrix} 1 \\ -1 \\ 3 \end{pmatrix} \quad \text{und} \quad E : \vec{x} = \begin{pmatrix} -3 \\ 1 \\ 1 \end{pmatrix} + s \cdot \begin{pmatrix} 1 \\ -2 \\ -1 \end{pmatrix} + t \cdot \begin{pmatrix} 0 \\ -1 \\ 2 \end{pmatrix}$$

Notizen

10 Beschreibende Statistik

In der beschreibenden Statistik stellen wir empirische Daten mittels Tabellen, Kennzahlen und Grafiken übersichtlich und geordnet dar. Um dies zu ermöglichen, müssen die Daten einen Erkenntnisgewinn über die Realität bieten können. Dazu kann eine Stichprobenerhebung nützlich sein. Diese erheben wir anhand einer zuvor festgelegten Grundgesamtheit. Wichtig ist, dass die **Grundgesamtheit** in den örtlichen, sachlichen und zeitlichen Angaben fest definiert ist.

Als **Beispiel** können wir die Untersuchung nach der besuchten Schulform (sachlich) an einer bestimmten Beruflichen Schule (örtlich) im Schuljahr 2018/19 (zeitlich) heranziehen.

Die Schüler/innen sind hierbei der **Merkmalsträger**, zu denen sich eine bestimmte Schulform, also ein Merkmal, zuordnen lässt.

10.1 Merkmale und Skalentypen

Je nach Merkmal können wir die erhobenen Daten unterschiedlichen Skalentypen zuordnen:

Merkmals-/ Skalentyp	**Erklärung**	**Beispiel**
diskret	endlich oder abzählbar; unendlich viele Ausprägungen	Kinderzahl, Studiendauer in Semester
stetig	jede denkbar beliebige Zahl in einem festgelegten Intervall; zu Gruppen zusammengefasste Daten	Körpergröße, Nettoeinkommen
stetig klassiert	s.o.	0 - 800 Euro 801 – 1500 Euro 1501 – 2200 Euro

Merkmals-/ Skalentyp	**Erklärung**	**Beispiel**
nominalskaliert	endliche Menge von Ausprägungen; keine festlegbare Rangfolge	Geschlecht, Religion
ordinalskaliert	endliche Zahl von Ausprägungen; natürliche Rangfolge möglich	Noten
Metrische Skala: intervallskaliert	alle Ausprägungen innerhalb eines Intervalls annehmbar; keinen Nullpunkt, somit keine Verhältnisse darstellbar	Temperatur, IQ
Metrische Skala: verhältnisskaliert	absoluter Nullpunkt existiert	Geschwindigkeit, Einkommen

10.2 Darstellbarkeit von Daten

Säulen-/Stabdiagramm

Übersicht Diagramme

Ein Säulendiagramm gibt die Häufigkeiten eines bestimmten Ereignisses an. An der waagerechten Achse (der x-Achse) stehen die untersuchten Daten, im Beispiel von oben also „Fahrrad" und „Bus". An der senkrechten Achse (der y-Achse) tragen wir die Häufigkeiten ein. An der Höhe einer Säule erkennen wir auf diese Weise schnell, welches Ereignis häufiger und welches weniger häufig auftritt. Ein Säulendiagramm ist vor allem dann sinnvoll, wenn die Datenmenge überschaubar ist (wie die Noten 1-6, oder die 12 Monate eines Jahres). Das folgende Säulendiagramm beschreibt, wie oft welche Note in der letzten Klassenarbeit geschrieben wurde. Hier können wir ablesen:

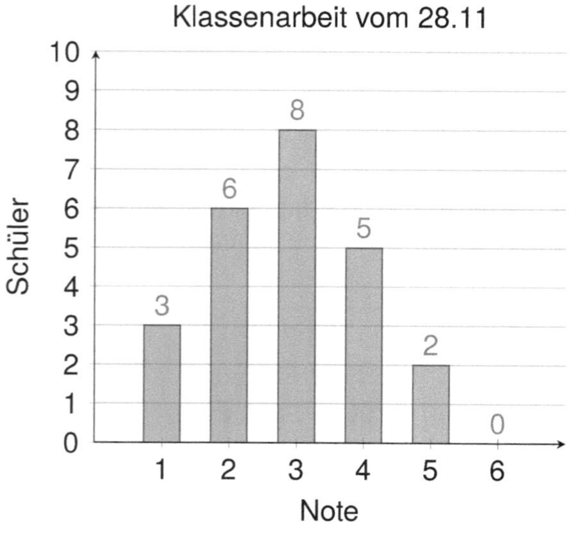

- Wie viele Schüler gehen in die Klasse?
- Wie viele Schüler haben eine 1 (bzw. 2 . . . 6) geschrieben?
- Wann war die Klassenarbeit?
- Welche Note wurde am häufigsten bzw. seltensten geschrieben?

Kreisdiagramm

Ein Kreisdiagramm eignet sich, wenn wir zum Beispiel eine Menge in verschiedene Bereiche aufteilen wollen, also die Summe aller Bereiche ein sinnvolles Ganzes darstellt. In diesem Fall also die Anzahl aller Schüler in der Klasse. Ebenso wie im obigen Säulendiagramm ist hier die Notenverteilung der Schüler dargestellt.

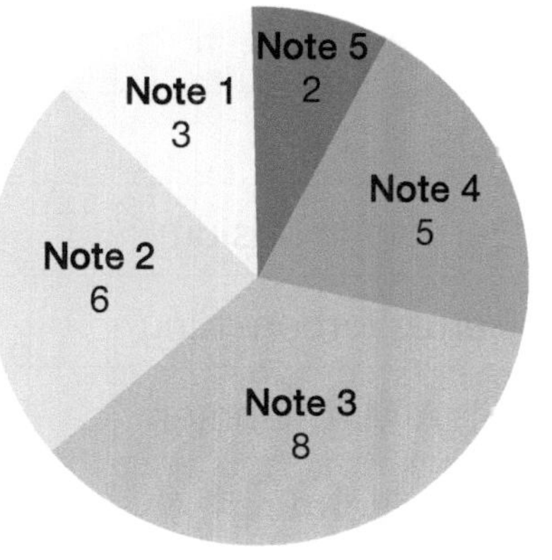

Histogramm

Histogramme sehen zunächst ähnlich aus wie Balkendiagramme. Wir verwenden sie jedoch für stetige statt diskrete Daten. Um ein Histogramm zu zeichnen, müssen wir die Daten zuerst klassieren, d.h. Gruppen bilden und sie ihnen zuordnen. Das geht einfach, wenn die betrachteten Gruppen gleich groß sind. Es kann aber auch vorkommen, dass es unterschiedlich große Gruppenbreiten gibt.

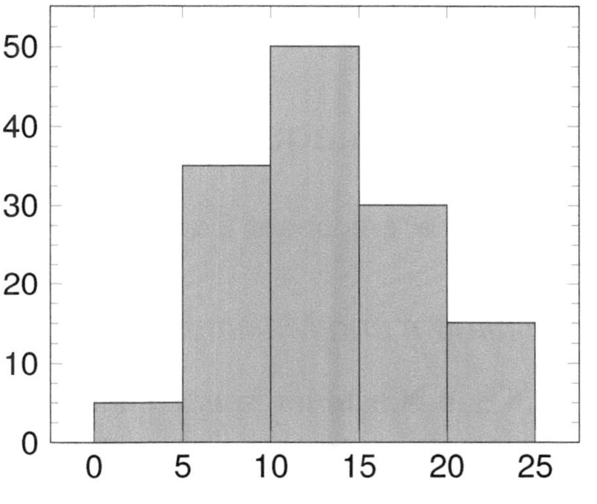

10.3 Absolute und relative Häufigkeiten

An einer beruflichen Schule sind 2000 Schüler/innen (*G*). Von diesen besuchen

Häufigkeiten

- 600 die Fachoberschule
- 300 die Berufsvorbereitung
- 200 das Berufsgymnasium
- 100 die InteA-Maßnahmen
- 800 die Teilzeitform des dualen Ausbildungssystems.

Die eben genannten Zahlen definieren wir als absolute Häufigkeit. Die relative Häufigkeit berechnet sich folgendermaßen:

$$\textbf{Relative Häufigkeit} = \frac{\text{absolute Häufigkeit}}{\text{Grundgesamtheit } G}$$

Daraus ergeben sich für unser Beispiel folgende Häufigkeiten:

Merkmal	**Absolute Häufigkeit**	**Relative Häufigkeit**
FOS	600	0,3
Berufsgymnasium	200	0,1
Berufsvorbereitung	300	0,15
InteA-Maßnahmen	100	0,05
Teilzeitform	800	0,4
$\sum$	2000	1

Wichtig ist, dass die Summe der relativen Häufigkeit 1, also 100% ergibt.

10.4 Wichtige Lagemaße

Mittels der erhobenen Daten können wir wichtige Lagemaße bestimmen.

Minimum und Maximum

Um das **Maximum** bzw. **Minimum** bestimmen zu können, muss das Merkmal mindestens ordinal skaliert sein. Der höchste Wert der Daten gibt das Maximum an, der kleinste Wert das Minimum.

Beispiel: An einem Spargelstand werden 500 g–Körbchen verkauft. Eine Probewiegung von vier Körben ergibt folgende Daten:

- Korb 1: 510,5 g
- Korb 2: 498,3 g
- Korb 3: 503,2 g
- Korb 4: 495,7 g

Der höchste Wert liegt bei $max_i x_i = 510{,}5$ g.
Der kleinste Wert liegt bei $min_i x_i = 495{,}7$ g.

Spannweite

Die Spannweite bezeichnet die Differenz zwischen Maximum und Minimum. Wir beziehen uns nun auf das **Beispiel** bei Maximum und Minimum:

$$R = x_{max} - x_{min} = 510{,}5 - 495{,}7 = 14{,}8 \text{ g}$$

Quartile

Um Quartile zu bestimmen, benötigen wir eine geordnete Datenreihe. Das erste Quartil bezeichnet das untere Viertel der Datenreihe. Das dritte Quartil bezeichnet das obere Dreiviertel der Datenreihe. Zur Berechnung ziehen wir folgende Formel heran:

$$\overline{x}_p = \begin{cases} x_{n \cdot p+1} & \text{(für } n \cdot p \text{ nicht ganzzahlig)} \\ 0{,}5 \cdot (x_{n \cdot p} + x_{n \cdot p+1}) & \text{(für } n \cdot p \text{ ganzzahlig)} \end{cases}$$

Beispiel: Betrachten wir nun die Datenerhebung der Anzahl von Schuljahren in geordneter Reihenfolge vom Umfang $n = 14$:

8 8 9 9 10 10 10 11 11 11 12 12 13 13

Das untere Quartil umfasst 25%. Wir rechnen also $n \cdot p = 14 \cdot 0{,}25 = 3{,}5$

Da $n \cdot p$ nicht ganzzahlig ist, folgt: $\overline{x}_{0,25} = x_{n \cdot p+1} = x_{14 \cdot 0,25+1} = x_{3,25+1}$

Das +1 in der Formel sagt uns, dass wir den Wert aufrunden sollen aufgerundet (Hinweis: es wird hier immer aufgerundet, auch wenn z.B. 3,25 rausgekommen wäre). Das untere Quartil liegt also bei: $x_4 = 9$.

Analog berechnen wir das obere Dreiviertel (auch hier wird immer aufgerundet).

Median

Der Median ist das zweite Quartil, also der Wert in der Mitte. Wir bezeichnen ihn auch als Zentralwert.

Median

Beispiel: Wir berechnen den Median bei einer Datenerhebung anhand der obigen Zahlenreihe. Unser Umfang bleibt also $n = 14$. Wir setzen aber jetzt $p = 0{,}5$ ein und erhalten: $n \cdot p = 14 \cdot 0{,}5 = 7$. Da $n \cdot p$ ganzzahlig ist, folgt:

$$\overline{x}_p = 0{,}5 \cdot (x_{n \cdot p} + x_{n \cdot p+1}) = 0{,}5 \cdot (x_7 + x_8) = 0{,}5 \cdot (10 + 11) = 10{,}5$$

Arithmetisches Mittel

Das arithmetische Mittel ist der Mittelwert von allen Datenwerten einer Datenreihe. Als **Beispiel** können wir das Alter einer Klasse nehmen, in denen folgende Altersjahre erhoben wurden:

Mittelwert

15 15 16 17 17 18

Rechnerisch bilden wir zunächst die Summe der Daten:

$$\sum_{i=1}^{n} x_i = 15 + 15 + 16 + 17 + 17 + 18 = 98$$

Anschließend teilen wir diese Zahl durch die Anzahl der Datenwerte. Damit beträgt das arithmetische Mittel

$$\bar{x} = \frac{1}{n}\sum_{i=1}^{n} x_i = \frac{1}{6} \cdot 98 = 16{,}33$$

10.5 Erstellung eines Boxplots

Boxplot

Wir verwenden den Boxplot, um statistisch wichtige Werte eines Datensatzes zu erfassen und graphisch darzustellen. Der Boxplot fasst folgende fünf Punkte zusammen:

- Minimum (0%-Quartil)
- 25%-Quartil
- Median
- Maximum (100%-Quartil)
- 75%-Quartil

Zur Erstellung eines Boxplots benötigen wir die oben genannten Lagemaße. Der Boxplot sieht wie folgt aus:

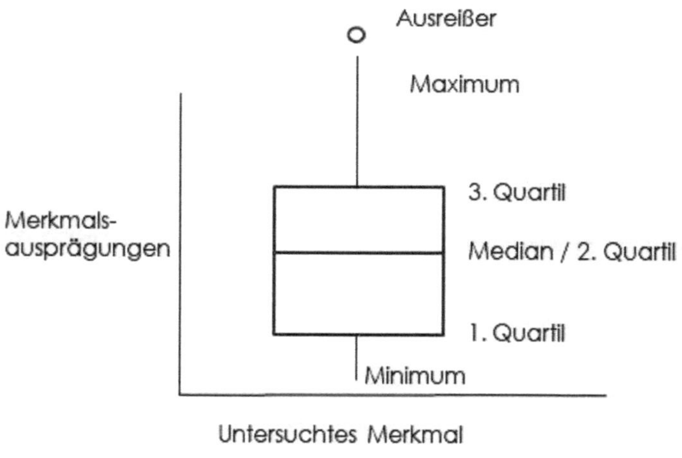

11 Stochastik

Die mathematische Stochastik dient der Beschreibung sowie Untersuchung von Zufallsexperimenten (zum Beispiel der Münzwurf oder Würfeln).

Kolmogorov

Annahmen der Stochastik folgen den **Kolmogorov-Axiomen**:

1. Die Wahrscheinlichkeit des Ereignisses, welches alle möglichen Ausgänge (Ω) umfasst, ist 1.

$$P(\Omega) = 1$$

2. Die Wahrscheinlichkeit eines unmöglichen Ereignisses ist 0.

$$P(\varnothing) = 0$$

3. Alle Wahrscheinlichkeiten liegen zwischen 0 und 1.

$$0 \leq P(A) \leq 1$$

4. Die Wahrscheinlichkeit des Eintretens und des Nicht-Eintretens eines Ereignisses addiert sich zu 1.

$$P(A) + P(\overline{A}) = 1$$

11.1 Zufallsprozesse

Einstufige Zufallsprozesse untersuchen ein Experiment, welches nur einmal durchgeführt wird. Hierzu können wir zum Beispiel den einmalige Münzwurf betrachten. Ebenso dient das einmalige Würfeln als Beispiel. In diesen Beispielen ist die Wahrscheinlichkeit für jedes Ereignis gleich.

Laplace-Versuch

Laplace-Experiment

$$P(A) = \frac{\text{Anzahl der für das Ergebnis günstigen Versuchsausgänge}}{\text{Anzahl der möglichen Versuchsausgänge}}$$

Weiterhin können wir auch das Ziehen von Socken aus einer Schublade heranziehen. Je nach Sockenverteilung ist die Wahrscheinlichkeit eintretender Ereignisse nicht gleich.

Anders als bei einstufigen Zufallsprozessen wiederholen wir bei **mehrstufigen** Experimente den Versuch. Wir würfeln nicht nur einmal, sondern je nach Experiment mehrfach. Der Hintergrund ist, dass durch den einstufigen Zufallsprozess das eintretende Ereignis als pauschal angenommen werden könnte. Würfeln wir beispielsweise eine 4, könnten wir zunächst davon ausgehen, dass dieses Ereignis immer eintritt. Jedoch pendelt sich die Wahrscheinlichkeit bei zunehmender Anzahl von Experimenten ein.

Aufgaben

A.11.1.1 Ein Würfel wird zwei Mal geworfen, so kann eine Reihe von paarweisen Ereignissen eintreten. Insgesamt gibt es 36 Möglichkeiten. Nun ist es wichtig, welches günstige Ereignis wir betrachten.

a) Schreibe alle möglichen Ereignisse auf.

b) Für das Ereignis, bei einem zweimaligen Würfelwurf die Augenzahl 7 zu erreichen, gibt es 6 Möglichkeiten. Markiere diese in den zuvor aufgeschriebenen Möglichkeiten.

Setzen wir das Ergebnis von b) nun in die Wahrscheinlichkeitsformel ein, erhalten wir:

$$P(A) = \frac{6}{36} = \frac{1}{6} \approx 16{,}7\%$$

Beim Würfeln oder auch Münzwurf handelt es sich um ein unabhängiges Experiment. Das Gesetz der großen Zahlen greift also.

Das hintereinander Ziehen von Socken aus der Schublade hingegen ist nicht voneinander unabhängig. Dennoch können wir beide Zufallsexperimente mittels Baumdiagramm darstellen.

11.2 Baumdiagramm

Zunächst untersuchen wir die Wahrscheinlichkeit, beim dreifachen Münzwurf zweimal Kopf (K) und einmal die Zahl (Z) zu erzielen. Die Wahrscheinlichkeit, Kopf oder Zahl zu werfen, beträgt jeweils $P(K) = P(Z) = 0{,}5$. Diese Werte tragen wir in einem Baumdiagramm ein.

Einstieg

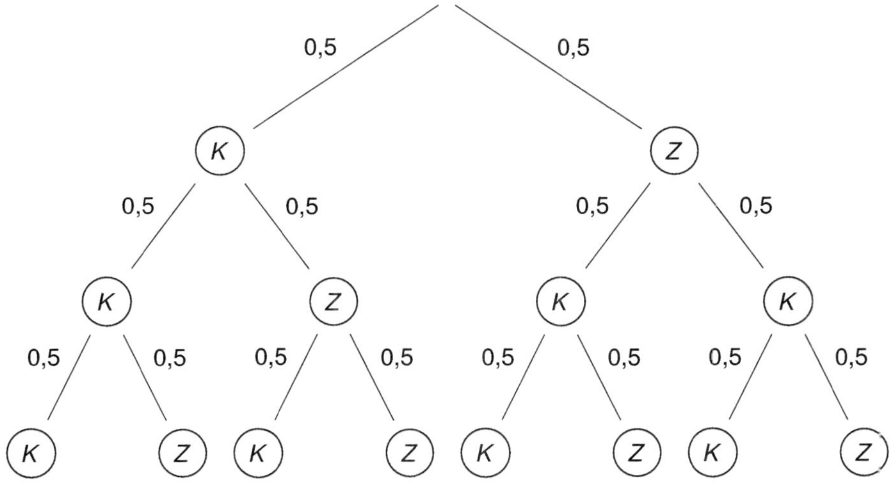

Um die Wahrscheinlichkeiten bestimmen zu können, müssen wir wissen, wie wir diese Wahrscheinlichkeiten eines Baumdiagrammes berechnen. Dies geht mit Hilfe der **Pfadregeln**:

Pfadregeln

- **1. Pfadregel**: Um die Wahrscheinlichkeit für einen ganz bestimmten Versuchsausgang zu erhalten, müssen die Wahrscheinlichkeiten entlang des jeweiligen Pfades **multipliziert** werden.
- **2. Pfadregel**: Soll die Wahrscheinlichkeit eines Ereignisses, das mehrere Versuchsausgänge umfasst, berechnet werden, müssen die Wahrscheinlichkeiten der einzelnen Versuchsausgänge **addiert** werden.

Da die Reihenfolge in unserem Beispiel egal ist, also ob wir zuerst Zahl oder Kopf werfen, müssen wir alle möglichen Versuchsausgänge aus dem Baumdiagramm ablesen und mit der ersten Pfadregel bestimmen:

$$P(K,K,Z) = P(K,Z,K) = P(Z,K,K) = 0{,}5 \cdot 0{,}5 \cdot 0{,}5 = 0{,}125$$

Mit der zweiten Pfadregel können wir dann die Wahrscheinlichkeit bestimmen, dass das Ereignis A (2 Mal Kopf, 1 Mal Zahl) eintritt:

$$P(A) = P(K,K,Z) + P(K,Z,K) + P(Z,K,K) = 0{,}375 \approx 37{,}5\%$$

Dieses Zufallsexperiment ist mit dem Ziehen von Zahlen aus einer Urne mit Zurücklegen vergleichbar. Auf jeder Stufe des Würfelns können alle möglichen Ereignisse eintreten.

Aufgabe

A.11.2.1 In einer Schublade befinden sich 15 Socken – fünf sind weiß, drei schwarz und sieben bunt. Berechne die Wahrscheinlichkeit für das abhängige Zufallsexperiment, in vier Zügen zwei weiße, einen schwarzen und einen bunten Socken zu ziehen. Die Socken werden hierbei nicht zurückgelegt.

11.3 Bedingte Wahrscheinlichkeiten

Bedingte Wahrscheinlichkeit

Um bedingte Wahrscheinlichkeiten zu berechnen, eignet sich die Darstellung von Sachverhalten in einer Vierfeldertafel, welche wir anschließend in ein Einheitsquadrat überführen.

Beispiel: In der *12FOW1* befinden sich 25 Schüler/innen, von denen mögen 5 Lernende Mathe. Die anderen können Mathe nicht leiden. In der Nachbarklasse, der *12FOW2*, sind 23 Schülerinnen, von denen 10 Lernende Mathe mögen. Die übrigen 13 können Mathe nicht leiden.

Wir können den Sachverhalt nun in eine Tabelle, die sogenannte **Vierfeldertafel mit absoluten Häufigkeiten**, übertragen:

	Schüler/innen der *12FOW1*	**Schüler/innen der *12FOW2***	$\sum$
mögen Mathe	5	10	15
mögen kein Mathe	20	13	33
$\sum$	25	23	48

Es ist ebenfalls möglich, die **Vierfeldertafel mit relativen Häufigkeiten** aufzustellen. Dafür ist es lediglich notwendig, aus den absoluten Häufigkeiten und der Grundgesamtheit die relativen Häufigkeiten zu ermitteln:

	Schüler/innen der *12FOW1*	**Schüler/innen der *12FOW2***	$\sum$
mögen Mathe	$\frac{5}{48} = 0{,}104$	$\frac{10}{48} = 0{,}208$	0,312
mögen kein Mathe	$\frac{20}{48} = 0{,}417$	$\frac{13}{48} = 0{,}271$	0,688
$\sum$	0,521	0,479	1

Wichtig ist hierbei, dass sowohl die Zeilen- als auch Spaltensumme gleich 1 ergibt. Ansonsten haben wir einen Fehler gemacht!

Die ermittelten Ergebnisse lassen sich nun in ein **Einheitsquadrat** übertragen. Um den Anteil der Rechtecke zu bestimmen, wird gerechnet:

$$h = \frac{y_i}{x_j}$$

- Ausgangsfigur ist ein Quadrat mit der Seitenlänge 1.
- Das Quadrat wird senkrecht geteilt, die Breite der beiden entstehenden Rechtecke entspricht den relativen Häufigkeiten des ersten Merkmals. In unserem Beispiel:

h(Schüler/innen der 12FOW1) = 0,521 und h(Schüler/innen der 12FOW2) = 0,479

- Diese beiden Rechtecke werden zudem waagerecht unterteilt. Die Höhen der jeweils entstandenen Rechtecke entsprechen den relativen Häufigkeiten, die das erste Merkmal als Bedingung haben. In unserem Beispiel:

$$h(\text{mögen Mathe}|\text{Schüler/innen der 12FOW1}) = \frac{0{,}104}{0{,}521} \approx 0{,}2$$
$$h(\text{mögen kein Mathe}|\text{Schüler/innen der 12FOW1}) = \frac{0{,}417}{0{,}521} \approx 0{,}8$$
$$h(\text{mögen Mathe}|\text{Schüler/innen der 12FOW2}) = \frac{0{,}208}{0{,}479} \approx 0{,}43$$
$$h(\text{mögen kein Mathe}|\text{Schüler/innen der 12FOW2}) = \frac{0{,}271}{0{,}479} \approx 0{,}57$$

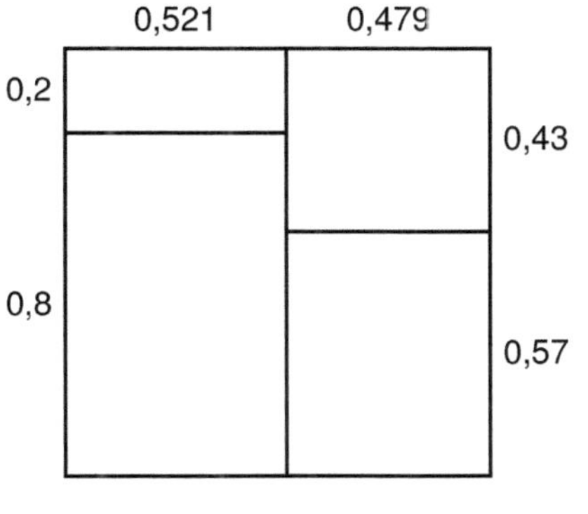

Bei bedingten Wahrscheinlichkeiten $P(A|B)$ besteht folgende Beziehung:

Satz von Bayes

Satz von Bayes

$$P(A|B) = \frac{P(B|A) \cdot P(A)}{P(B)} = P(A_i|B) = \frac{P(B|A_i) \cdot P(A_i)}{\sum_{j=1}^{n} P(B|A_j) \cdot P(A_j)}$$

11.4 Zufallsfunktionen - Zufallsvariablen

Mit einer Zufallsvariablen der Funktion können wir jedes Elementarereignis ω einer reellen Zahl $X(\omega)$ zuordnen:

$$X : \Omega \to \mathbb{R}, \quad \omega \to X(\omega)$$

Diskrete Zufallsvariablen

Kann eine Zufallsvariable endlich oder abzählbar unendliche viele Werte $X_1, X_2 \ldots X_n$ annehmen, so ist diese diskret. Als Beispiel dient die Augenzahl beim Würfeln oder der Münzwurf.

Wie können wir uns aber nun die Wahrscheinlichkeitsfunktion einer diskreten Zufallsvariablen vorstellen?

Definition

$$f(x) = P(X = x) = \begin{cases} p_i, \text{ falls } x = x_i \\ 0, \text{ sonst} \end{cases}$$

Einfach ausgedrückt besagt die Definition, dass X den Wert x annimmt.

Als **Beispiel** betrachten wir erneut den Münzwurf, welcher sich durch den nachfolgenden Ereignisraum kennzeichnet:

$$\Omega = \{1, 2, 3, 4, 5, 6\}$$

Die Wahrscheinlichkeiten berechnen wir nun mit Hilfe der Laplace-Wahrscheinlichkeiten:

$$f(1) = P(X = 1) = \frac{1}{6}, \quad f(2) = P(X = 2) = \frac{1}{6}, \quad \ldots$$

In der Summe der Wahrscheinlichkeiten ergibt sich letztlich 1.

Neben der Wahrscheinlichkeitsfunktion, können wir zudem die Verteilungsfunktion einer diskreten Zufallsvariable bestimmen. Diese ist als Treppenfunktion darstellbar und weist folgende Definition auf:

$$F_x : \mathbb{R} \to [0, 1] \qquad x \to F_x(X) = P(X \leq x) = P(\omega) \leq x$$

Die Verteilungsfunktion misst also die Wahrscheinlichkeit, dass die Zufallsvariable X höchstens den Wert x annimmt. Merke:

$$P(X \geq k) = 1 - P(X < k) \text{ und } P(X > k) = 1 - P(X \leq k)$$

11.5 Verteilungsparameter einer diskreten Zufallsvariablen

Verteilungs-parameter

Mit Verteilungsparametern charakterisieren wir bestimmte Aspekte einer Verteilung. Die wichtigsten lauten:

Erwartungswert
Der Erwartungswert beschreibt den Schwerpunkt der Verteilung, also die Zahl, welche die Zufallsvariable in der Mitte annimmt.

$$\mu = E(X) = x_1 \cdot p_1 + x_2 \cdot p_2 + \cdots + x_k \cdot p_k = \sum_{j=1}^{k} x_j \cdot p_j$$

Varianz
Die Varianz beschreibt die Streuung einer Zufallsvariable.

$$\sigma^2 = V(X) = \sum_{j=1}^{k} (x_j - E(X))^2 \cdot p_j$$

Standardabweichung
Die Standardabweichung gibt die Streuung der Werte um den Mittelwert an.

$$\sigma_X = \sqrt{V(X)} = \sqrt{\sigma^2}$$

Als **Beispiel** können wir den durchschnittlichen Gewinn eines Spielautomaten nutzen.

Dazu haben wir folgende Daten gegeben:

Betrag in Euro	p
0	0,3
0,15	0,4
0,30	0,2
1	0,1

Aufgaben

A.11.5.1 Berechne den Erwartungswert für den durchschnittlichen Gewinn des Spielautomats.

A.11.5.2 Berechne die Varianz für den durchschnittlichen Gewinn des Spielautomats.

A.11.5.3 Berechne die Standardabweichung beim Spielautomaten.

11.6 Bernoulliverteilung

Bei einem Bernoulli-Experiment betrachten wir lediglich, ob ein Ereignis eintritt oder nicht. Somit ist der Erfolg oder Nicht-Erfolg von Interesse. Die Bernoulliverteilung ist stets diskret.

X heißt bernoulliverteilt mit Parameter p. Wir schreiben:

Bernoulliverteilung

$$X \sim B(1, p)$$

Sei nun $p = P(A)$ die Erfolgswahrscheinlichkeit, lässt sich die Zufallsvariable X mit folgenden Werten annehmen:

$$X = \begin{cases} 1, \text{falls } A \text{ eintritt} \\ 0, \text{ falls } A \text{ nicht eintritt} \end{cases}$$

Die Wahrscheinlichkeit ist

$$P(X = 1) = p$$

und die Gegenwahrscheinlichkeit

$$P(X = 0) = 1 - p$$

Es resultieren folgende **Lage- und Streuungsparameter**:

- Erwartungswert

$$\mu = E(X) = 0 \cdot (1 - p) + 1 \cdot p = p$$

- Varianz

$$\sigma^2 = V(X) = p - p^2 = p \cdot (1 - p) = p \cdot q \quad \text{mit } q = 1 - p$$

- Standardabweichung

$$\sigma = \sqrt{V(X)} = \sqrt{p \cdot (1 - p)}$$

11.7 Binomialverteilung

Die Binomialverteilung ist eine diskrete Wahrscheinlichkeitsverteilung und betrachtet Zufallsexperimente mit Zurücklegen. Somit sind die Wiederholungen stochastisch unabhängig. Die Erfolgswahrscheinlichkeit berechnet sich wie folgt:

Einstieg

Beispiel

Binomialverteilung

$$P(X = k) = \binom{n}{k} \cdot p^k \cdot (1-p)^{n-k}$$

Die Notation gestaltet sich folgendermaßen:

- n: Anzahl der Wiederholungen
- p: Wahrscheinlichkeit
- k: Sachverhalt, für den die Wahrscheinlichkeit berechnet werden soll

Die Summe der Wahrscheinlichkeiten muss wieder 1 ergeben, also

$$\sum \binom{n}{k} \cdot p^k \cdot (1-p)^{n-k} = 1$$

Es resultieren folgende **Lage- und Streuungsparameter**:

- Erwartungswert

$$\mu = E(X) = n \cdot p$$

- Varianz

$$\sigma^2 = V(X) = n \cdot p \cdot (1-p) = n \cdot p \cdot q \quad \text{mit } q = 1-p$$

- Standardabweichung

$$\sigma = \sqrt{V(X)} = \sqrt{n \cdot p \cdot (1-p)}$$

Betrachten wir nun das klassische **Beispiel** von Urnen. In einer Urne befinden sich 4 weiße und 6 blaue Kugeln. Wir ziehen insgesamt fünf Mal. Daraus folgt, dass $n = 5$ ist.

Nun berechnen wir die Wahrscheinlichkeit aus den günstigen und möglichen Ereignissen:

$$P(\text{blau}) = \frac{6}{10} = 0{,}6$$

Analog für die Berechnung der Wahrscheinlichkeit für das Ziehen für weiße Kugeln folgt:

$$P(\text{weiß}) = \frac{4}{10} = 0{,}4$$

Aufgaben

A.11.7.1 Berechne für das Beispiel den Erwartungswert und die Varianz, blaue Kugeln zu ziehen.

A.11.7.2 Nun wollen wir wissen, wie hoch die Wahrscheinlichkeit ist, genau drei blaue Kugeln zu ziehen, also $k = 3$. Dazu nutzen wir die Binomialverteilung:

$$P(X = 3) = \binom{5}{3} \cdot 0{,}6^3 \cdot (1 - 0{,}6)^{5-3}$$

Gib die Binomialverteilung in den Taschenrechner ein und berechne die Wahrscheinlichkeit, genau drei blaue Kugeln zu ziehen.

11.8 Entscheidungsverfahren

Als Entscheidungsverfahren dient u.A. der **Hypothesentest**. Diesen nutzen wir zum statistischen Schließen von Stichproben auf die Grundgesamtheit. Um den Test durchzuführen, formulieren wir Hypothesen und überprüfen anschließend, ob wir die angenommenen Eigenschaften der Grundgesamtheit durch die Stichprobe bestätigen können.

Übersicht

Im Rahmen dessen stellt sich die Frage, inwieweit die Struktur der Grundgesamtheit von den angenommenen Eigenschaften abweichen darf, bevor die Hypothese verworfen, also abgelehnt, wird.

Grundsätzlich stellen wir zwei sich gegenseitig ausschließende Hypothesen auf:

- die Nullhypothese H_0
- die Gegenhypothese H_1

Um zu entscheiden, ob eine H_0-Hypothese abgelehnt oder angenommen werden kann, führen wir ein Zufallsexperiment n-mal durch. Dabei umfasst

- n den Stichprobenumfang
- X die Anzahl der Treffer bei n-Durchführungen

Einseitiger Hypothesentest
Bei einem einseitigen Hypothesentest betrachten wir, ob die Nullhypothese rechts- oder linksseitig ist, also

- $H_0 : p \leq p_0$ und $H_1 : p > p_0$
  Als Beispiel können wir die Nullhypothese, dass maximal 30% aller Schüler Mathe mögen, untersuchen.
- $H_0 : p \geq p_0$ und $H_1 : p < p_0$
  Hier können wir also als Beispiel für die Nullhypothese, dass mindestens 30% aller Schüler Mathe mögen, heranziehen.

Zweiseitiger Hypothesentest
Bei einem zweiseitigen Hypothesentest überprüfen wir folgende Hypothesen:

- $H_0 : p = p_0$ und $H_1 : p \neq p_0$
  Als Beispiel für den zweiseitigen Hypothesentest können wir die Nullhypothese, dass genau 30% aller Schüler Mathe mögen, überprüfen.

Die **Irrtumswahrscheinlichkeit** oder auch das Signifikanzniveau geben wir mit α an. Sie beträgt in der Regel 1% oder 5%.

α	10%	5%	2,5%	1%
z_α	1,2816	1,6449	1,96	2,33

Vorgehensweise Hypothesentest

1. Null- und Gegenhypothese aufstellen
2. Entscheidung, ob ein- oder zweiseitiger Hypothesentest
3. Erwartungswert berechnen: $\mu = n \cdot p$
4. Standardabweichung berechnen: $\sigma = \sqrt{n \cdot p \cdot (1 - p)}$
5. Signifikanzniveau bzw. Irrtumswahrscheinlichkeit beachten
6. Annahme (A)- und Ablehnungsbereich ($\overline{A}$) mit der σ-Regel (Laplace-Bedingung $\sigma > 3$) bestimmen
   - Zweiseitiger Test: $A = \{\mu - z_{\frac{\alpha}{2}} \cdot \sigma, \ldots, \mu + z_{\frac{\alpha}{2}} \cdot \sigma\}$
   - Linksseitiger Test: $\overline{A} = \{0, \ldots, \mu - z_\alpha \cdot \sigma\}$
   - Rechtsseitiger Test: $\overline{A} = \{\mu + z_\alpha \cdot \sigma, \ldots, n\}$
7. Entscheidungsregel aufstellen
   Festlegung des Ablehnungs- und Annahmebereich durch Vorgabe eines Signifikanzniveaus α
8. Testentscheidung anhand der gegebenen Stichprobe n

Übersicht der verschiedenen Hypothesentests

Beidseitiger Test

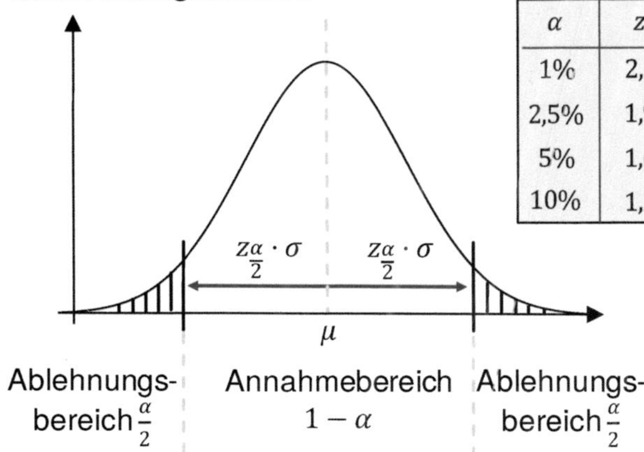

α	z_α
1%	2,33
2,5%	1,96
5%	1,64
10%	1,28

Wenn $\alpha = 5\%$ ist, verwenden wir nicht $z_{0,05} = 1,64$ sondern den Wert für $\alpha = 2,5\%$, also $z_{0,025} = 1,96$.

Warum? Weil sich der Ablehnungsbereich i.H.v. 5% links und rechts aufteilt! In Summe lehnen wir natürlich 2,5%+2,5%=5% ab.

Der Annahmebereich würde lauten:

$$A = [\mu - 1,96\sigma; \mu + 1,96\sigma]$$

Linksseitiger Test

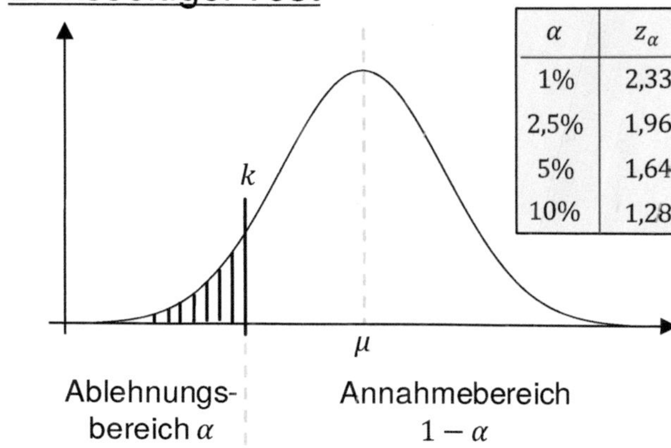

α	z_α
1%	2,33
2,5%	1,96
5%	1,64
10%	1,28

Wenn $\alpha = 5\%$ ist, verwenden wir $z_{0,05} = 1,64$.

Warum? Weil sich der Ablehnungsbereich i.H.v. 5% nur auf den linken Bereich bezieht und nicht aufgeteilt werden muss.

Der Ablehnungsbereich würde lauten:

$$\overline{A} = [0; \mu - 1,64\sigma]$$

Rechtsseitiger Test

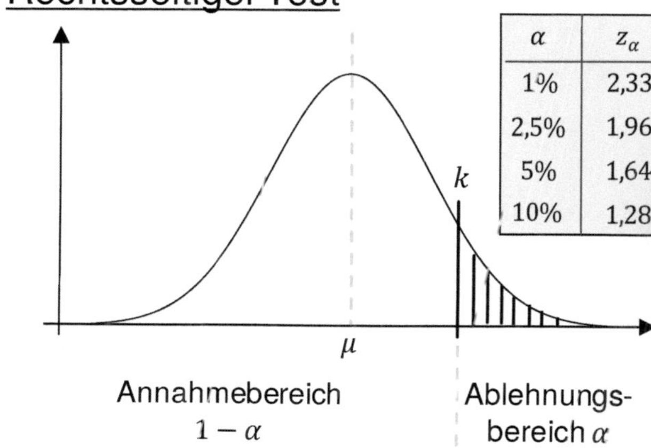

α	z_α
1%	2,33
2,5%	1,96
5%	1,64
10%	1,28

Wenn $\alpha = 5\%$ ist, verwenden wir $z_{0,05} = 1,64$.

Warum? Weil sich der Ablehnungsbereich i.H.v. 5% nur auf den rechten Bereich bezieht und nicht aufgeteilt werden muss.

Der Ablehnungsbereich würde lauten:

$$\overline{A} = [\mu + 1,64\sigma; n]$$

A Lösungen

zu Grundlagen

zu **A.1.2**:

- **Natürliche Zahlen**: $\mathbb{N} = \{0, 1, 2, 3 \ldots\}$

  Zu den natürlichen Zahlen gehören alle Zahlen, mit deren Hilfe beliebige Objekte gezählt werden können. Sie werden auch „nichtnegative ganze Zahlen" genannt.
  Es ist mathematisch nicht festgelegt, ob die 0 zu den natürlichen Zahlen zählt oder nicht. Frage hierzu bitte deinen Lehrer.

- **Ganze Zahlen**: $\mathbb{Z} = \{\ldots -3, -2, -1, 0, 1, 2, 3 \ldots\}$

  Zu den ganzen Zahlen gehören die natürlichen Zahlen sowie alle negativen ganzen Zahlen.

- **Rationale Zahlen**: $\mathbb{Q} = \{\frac{m}{n} | m, n \in \mathbb{Z}, n \neq 0\}$, z.B. $-\frac{3}{2}, \frac{4}{3}, \frac{6}{5}$

  Zu den rationalen Zahlen gehören die ganzen Zahlen sowie alle Zahlen, die sich als Quotient (Bruch) zweier ganzer Zahlen ausdrücken lassen.

- **Reelle Zahlen**: $\mathbb{R}$

  Zu den reellen Zahlen gehören alle Zahlen, die auf der Zahlengerade liegen.

zu **A.1.4.1**

a) $4a + 4b$

b) $-20x + 6y - 8z$

c) $am + bm - an - bn$

d) $12mxy - 6mxz - 8nxy + 4nxz$

zu **A.1.4.2**

a) $2(x - y)$

b) $13x(2z + y)$

c) $10(x + y)$

d) $(a + b)(x + y)$

zu **A.1.5.1**:

a) 3 b) $\frac{3}{10}$ c) $\frac{13}{6}$ d) $\frac{17}{16}$ e) 1 f) $\frac{5}{66}$

zu Lineare Funktionen/Gleichungen

zu **A.2**:

$y = f(x) = 2x + 3$: Steigung $m = 2$ und Schnittpunkt mit y-Achse $(0|3)$

$y = g(x) = -0{,}5x + 2$: Steigung $m = -0{,}5$ und Schnittpunkt mit y-Achse $(0|2)$

$y = h(x) = 2x - 2$: Steigung $m = 2$ und Schnittpunkt mit y-Achse $(0|-2)$

zu **A.2.1.1**:

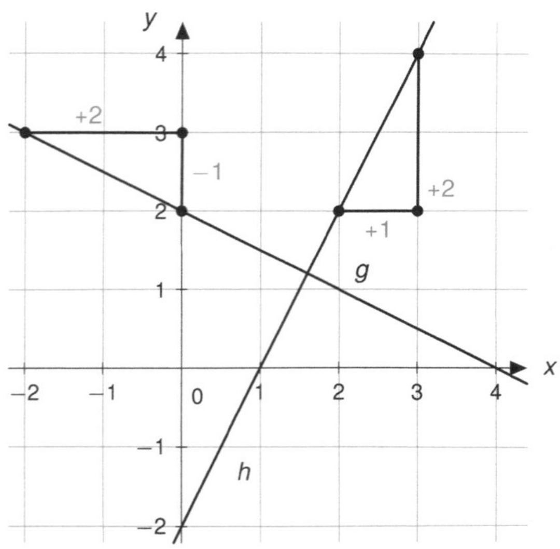

zu **A.2.3.1**: a) $\alpha_f = 63{,}43°$ b) $\alpha_g = 26{,}57°$ c) $\alpha_h = 63{,}43°$

zu **A.2.4.1**: $NS_g(4|0)$ bzw. $NS_h(1|0)$

zu **A.2.9.1**: Drive good: *D.g.*, Müller Drive: *M.D.*

a) $f_{D.g.}(x) = 30x + 300$ und $f_{M.D.}(x) = 35x + 250$

b) $f_{D.g.}(12) = 660$ und $f_{M.D.}(12) = 670$

c) Hierfür setzen wir die beiden Funktionen gleich $f_{D.g.}(x) = f_{M.D.}(x)$ und erhalten aus $30x + 300 = 35x + 250$ den einzigen Schnittpunkt $x = 10$. Antwort: Unter 10 Fahrstunden ist Müller Drive günstiger. Bei genau 10 Fahrstunden kosten beiden Fahrschulen genau so viel und ab 10 Stunden ist Drive Good günstiger.

zu Quadratische Funktionen

A.3.1.1:

x	−3	−2	−1	0	1	2	3	x	−3	−2	−1	0	1	2	3
$g(x)$	11	6	3	2	3	6	11	$h(x)$	8	3	0	-1	0	3	8

1:

	−3	−2	−1	0	1	2	3	x	−3	−2	−1	0	1	2	3
	35	24	15	8	3	0	-1	$g(x)$	3	**2**	3	6	11	18	27

t von $g(x)$ liegt bei $TP(-2|2)$.

= 2, nach oben geöffnet, gestreckt

A Lösungen

zu Grundlagen

zu **A.1.2**:

- **Natürliche Zahlen**: $\mathbb{N} = \{0, 1, 2, 3 \ldots\}$

  Zu den natürlichen Zahlen gehören alle Zahlen, mit deren Hilfe beliebige Objekte gezählt werden können. Sie werden auch „nichtnegative ganze Zahlen" genannt.
  Es ist mathematisch nicht festgelegt, ob die 0 zu den natürlichen Zahlen zählt oder nicht. Frage hierzu bitte deinen Lehrer.

- **Ganze Zahlen**: $\mathbb{Z} = \{\ldots -3, -2, -1, 0, 1, 2, 3 \ldots\}$

  Zu den ganzen Zahlen gehören die natürlichen Zahlen sowie alle negativen ganzen Zahlen.

- **Rationale Zahlen**: $\mathbb{Q} = \{\frac{m}{n} | m, n \in \mathbb{Z}, n \neq 0\}$, z.B. $-\frac{3}{2}, \frac{4}{3}, \frac{6}{5}$

  Zu den rationalen Zahlen gehören die ganzen Zahlen sowie alle Zahlen, die sich als Quotient (Bruch) zweier ganzer Zahlen ausdrücken lassen.

- **Reelle Zahlen**: $\mathbb{R}$

  Zu den reellen Zahlen gehören alle Zahlen, die auf der Zahlengerade liegen.

zu **A.1.4.1**

a) $4a + 4b$

b) $-20x + 6y - 8z$

c) $am + bm - an - bn$

d) $12mxy - 6mxz - 8nxy + 4nxz$

zu **A.1.4.2**

a) $2(x - y)$

b) $13x(2z + y)$

c) $10(x + y)$

d) $(a + b)(x + y)$

zu **A.1.5.1**:

a) 3 b) $\frac{3}{10}$ c) $\frac{13}{6}$ d) $\frac{17}{16}$ e) 1 f) $\frac{5}{66}$

zu Lineare Funktionen/Gleichungen

zu **A.2**:

$y = f(x) = 2x + 3$: Steigung $m = 2$ und Schnittpunkt mit y-Achse $(0|3)$

$y = g(x) = -0{,}5x + 2$: Steigung $m = -0{,}5$ und Schnittpunkt mit y-Achse $(0|2)$

$y = h(x) = 2x - 2$: Steigung $m = 2$ und Schnittpunkt mit y-Achse $(0|-2)$

zu **A.2.1.1**:

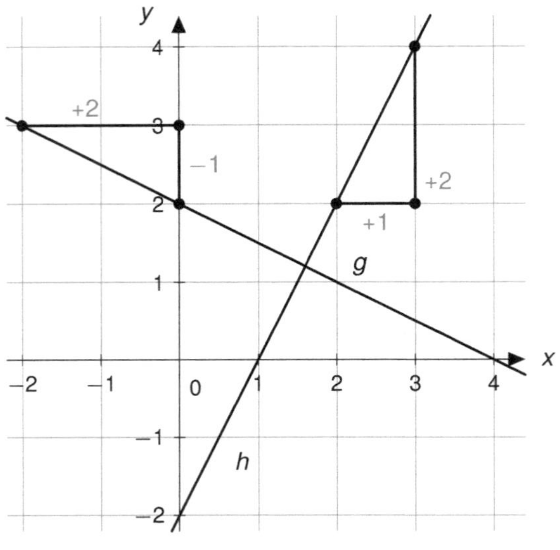

zu **A.2.3.1**: a) $\alpha_f = 63{,}43°$ b) $\alpha_g = 26{,}57°$ c) $\alpha_h = 63{,}43°$

zu **A.2.4.1**: $NS_g(4|0)$ bzw. $NS_h(1|0)$

zu **A.2.9.1**: Drive good: *D.g.*, Müller Drive: *M.D.*

a) $f_{\text{D.g.}}(x) = 30x + 300$ und $f_{\text{M.D.}}(x) = 35x + 250$

b) $f_{\text{D.g.}}(12) = 660$ und $f_{\text{M.D.}}(12) = 670$

c) Hierfür setzen wir die beiden Funktionen gleich $f_{\text{D.g.}}(x) = f_{\text{M.D.}}(x)$ und erhalten aus $30x + 300 = 35x + 250$ den einzigen Schnittpunkt $x = 10$. Antwort: Unter 10 Fahrstunden ist Müller Drive günstiger. Bei genau 10 Fahrstunden kosten beiden Fahrschulen genau so viel und ab 10 Stunden ist Drive Good günstiger.

zu Quadratische Funktionen

zu **A.3.1.1**:

x	−3	−2	−1	0	1	2	3	x	−3	−2	−1	0	1	2	3
$g(x)$	11	6	3	2	3	6	11	$h(x)$	8	3	0	-1	0	3	8

zu **A.3.2.1**:

x	−3	−2	−1	0	1	2	3	x	−3	−2	−1	0	1	2	3
$f(x)$	35	24	15	8	3	0	-1	$g(x)$	3	**2**	3	6	11	18	27

Der tiefste Punkt von $g(x)$ liegt bei $TP(-2|2)$.

zu **A.3.3.1**:

- $f(x)$: Steigung = 2, nach oben geöffnet, gestreckt

Übersicht der verschiedenen Hypothesentests

Beidseitiger Test

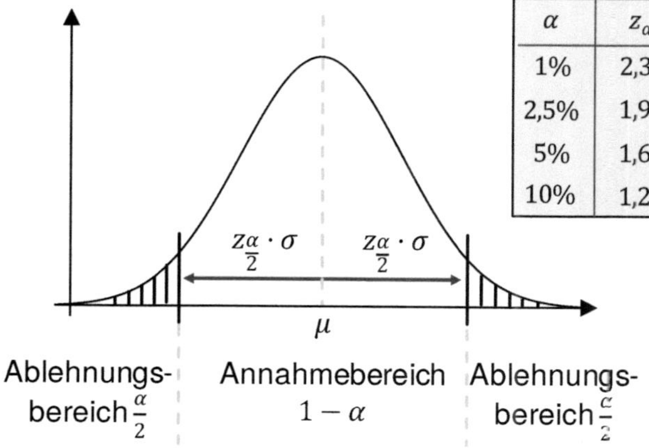

α	z_α
1%	2,33
2,5%	1,96
5%	1,64
10%	1,28

Wenn $\alpha = 5\%$ ist, verwenden wir nicht $z_{0,05} = 1{,}64$ sondern den Wert für $\alpha = 2{,}5\%$, also $z_{0,025} = 1{,}96$.

Warum? Weil sich der Ablehnungs-bereich i.H.v. 5% links und rechts aufteilt! In Summe lehnen wir natürlich 2,5%+2,5%=5% ab.

Der Annahmebereich würde lauten:

$$A = [\mu - 1{,}96\sigma; \mu + 1{,}96\sigma]$$

Linksseitiger Test

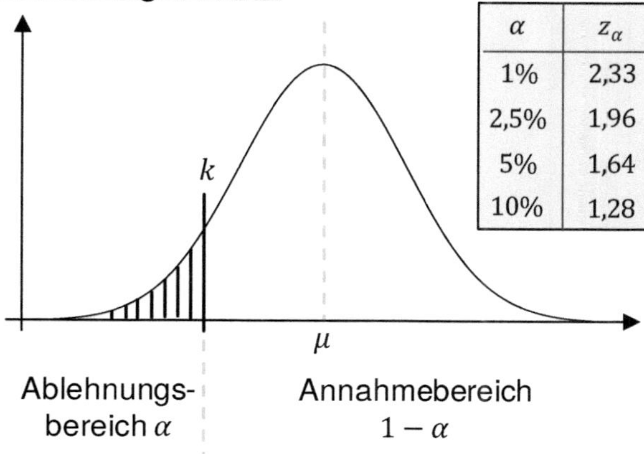

α	z_α
1%	2,33
2,5%	1,96
5%	1,64
10%	1,28

Wenn $\alpha = 5\%$ ist, verwenden wir $z_{0,05} = 1{,}64$.

Warum? Weil sich der Ablehnungs-bereich i.H.v. 5% nur auf den linken Bereich bezieht und nicht aufgeteilt werden muss.

Der Ablehnungsbereich würde lauten:

$$\bar{A} = [0; \mu - 1{,}64\sigma]$$

Rechtsseitiger Test

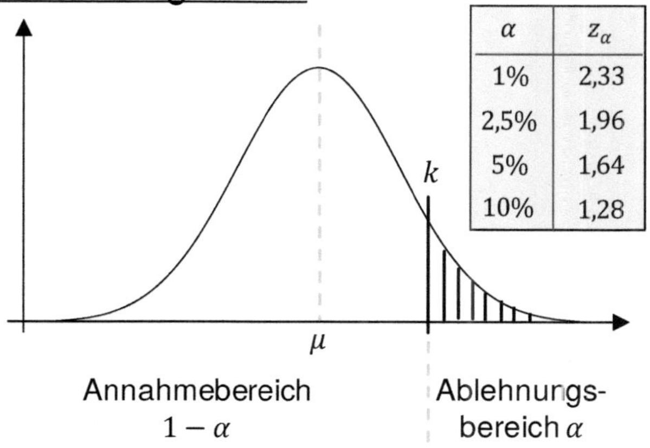

α	z_α
1%	2,33
2,5%	1,96
5%	1,64
10%	1,28

Wenn $\alpha = 5\%$ ist, verwenden wir $z_{0,05} = 1{,}64$.

Warum? Weil sich der Ablehnungs-bereich i.H.v. 5% nur auf den rechten Bereich bezieht und nicht aufgeteilt werden muss.

Der Ablehnungsbereich würde lauten:

$$\bar{A} = [\mu + 1{,}64\sigma; n]$$

- $g(x)$: Steigung = 0,5, nach oben geöffnet, gestaucht
- $h(x)$: Steigung = -0,5, nach unten geöffnet, gestaucht

zu **A.3.4.1**:

- $f(x) = 2(x+1)^2 - 4$
- $g(x) = 0{,}5(x+2)^2 - 1$
- $h(x) = -0{,}5(x-2)^2 + 3$

zu Ganzrationale Funktionen

zu **A.4.1**:

a) $f(x) = x^4 - 2x^2 + 1$

- Achsensymmetrie, Verlauf von links oben nach rechts oben
- Ableitungen: $f'(x) = 4x^3 - 4x$, $f''(x) = 12x^2 - 4$ und $f'''(x) = 24x$
- Schnittpunkte mit x- und y-Achse: $NS_1(1|0), NS_2(-1|0)$ und $SP_y(0|1)$
- Extrempunkte: $TP_1(-1|0)$, $TP_2(1|0)$ und $HP(0|1)$
- Wendepunkte: $WP_1((-0{,}577|0{,}444)$ und $WP_2\,(0{,}577|0{,}444)$

b) $g(x) = x^4 - 4x^3 + 6x^2 - 4x + 1$

- keine Symmetrie, Verlauf von links oben nach rechts oben
- Ableitungen: $f'(x) = 4x^3 - 12x^2 + 12x - 4$, $f''(x) = 12x^2 - 24x + 12$ und $f'''(x) = 24x - 24$
- Schnittpunkte mit x- und y-Achse: $NS(1|0)$ und $SP_y(0|1)$
- Tiefpunkt: $TP(1|0)$

c) $f_t(x) = \dfrac{t^2}{16}x^4 + \dfrac{t}{2}x^3$

- keine Symmetrie
- Ableitungen: $f_t'(x) = \frac{1}{4}t^2x^3 + 1{,}5tx^2$, $f''(x) = \frac{3}{4}t^2x^2 + 3tx$ und $f''(x) = 1{,}5t^2x + 3t$
- Schnittpunkte mit x- und y-Achse: $NS_1(0|0)$, $NS_2(-8/t|0)$ für $t \neq 0$ und $SP_y(0|0)$
- Extrempunkte: $TP\left(-\frac{6}{t}|\frac{27}{t^2}\right)$
- Wendepunkte: $WP\left(-\frac{4}{t}/-\frac{16}{t^2}\right)$
- Um die Funktionenschar f_t zeichnen zu können, muss man Werte für t einsetzen. Zum Beispiel $t = 1$, dann lautet die Funktion $f_1(x) = \frac{1}{16}x^4 + \frac{1}{2}x^3$

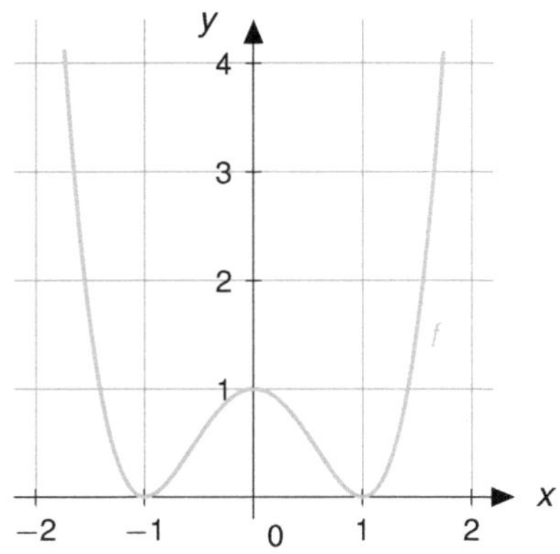

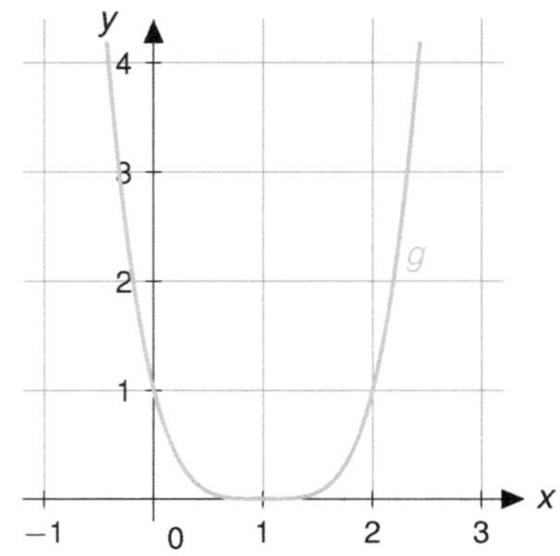

zu Gleichungssysteme

zu **A.5.1**: $f(x) = 2x^3 - 24x + 1$ zu **A.5.2**: $f(x) = \frac{1}{8}x^4 - 3x^2 + 10$ zu **A.5.3**: $f(x) = -\frac{1}{4}x^3 + 3x$

zu Extremwertaufgaben

zu **A.6.1**: Die Herangehensweise ist identisch zu unserem durchgerechneten Beispiel. Auch hier ist der Umfang bekannt und der Flächeninhalt soll maximiert werden. Der Flächeninhalt des Rechtecks wird maximal für $a = 100$ m und $b = 50$ m.

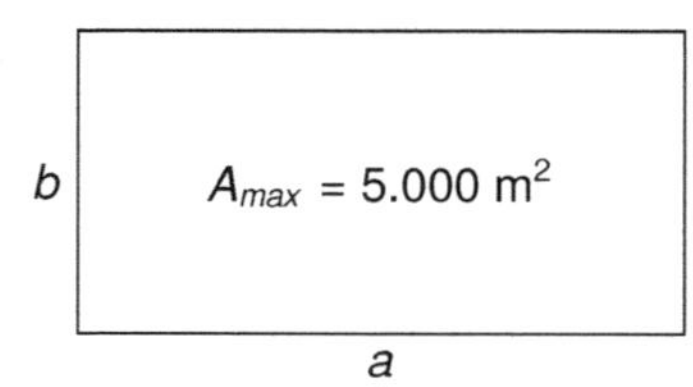

zu **A.6.2**: Hier soll ebenfalls der Flächeninhalt eines Rechteckes maximiert werden. Die Hauptbedingung lautet also $A = a \cdot b$. Die Nebenbedingung ist in diesem Fall, dass der Punkt B auf dem Funktionsgraphen liegen muss. Das ist eine nützliche Information, denn so können wir die Grundseite a und die Höhe b in der Formel durch die Koordinaten von $B(u|f(u))$ ersetzen.

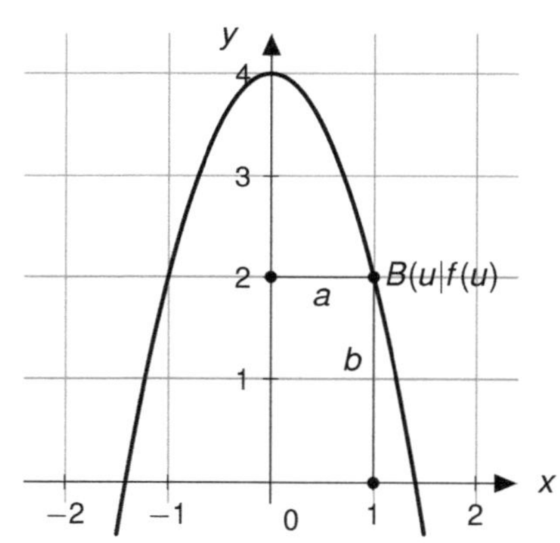

Hinweis: da der Punkt B nicht bekannt ist, schreiben wir erstmal einen beliebigen Parameter hin:

$$\text{Nebenbedingung: } a = u \quad \text{und} \quad b = f(u) = -2u^2 + 4$$

Anschließend die Nebenbedingung in die Hauptbedingung einsetzen und wir erhalten die Zielfunktion:

$$A(u) = u \cdot \left(-2u^2 + 4\right) = -2u^3 + 4u$$

Die Zielfunktion ist nur noch abhängig von der Unbekannten u. Wir untersuchen die Funktion auf Extremstellen und erhalten den Hochpunkt $HP(\sqrt{\frac{2}{3}}|\frac{8}{3} \cdot \sqrt{\frac{2}{3}})$. Das entspricht unseren Koordinaten des Punktes B, damit der Flächeninhalt des Rechtecks maximal wird!

zu Exponentialfunktion

zu **A.7.1**: Für den Fall $a < 0$ folgt:

- Ist $b > 0$, sinkt die Funktion streng monoton.
- Gilt $0 < b < 1$ fällt die Funktion streng monoton.
- Ist der Exponent negativ, also $f(x) = a \cdot b^{-x}$ ist der Graph entsprechend symmetrisch zur y-Achse.
- Ist $0 < b < 1$ und x wird in positiver Unendlichkeit betrachtet, tendiert y Richtung 0.

zu **A.7.2**: $h(x) = f(-x) = 2 \cdot 2{,}72^{-x}$, $g(x) = -f(x) = -2 \cdot 2{,}72^{x}$

zu **A.7.3**:

a) Zunächst können wir sagen, dass $f(x) = 80.000.000 \cdot b^{x}$ gilt. Aus dem Satz mit dem Bevölkerungswachstum folgt $1{,}08 = b^{4} \Rightarrow b = 1{,}019$. Demnach lautet der Funktionsterm: $f(x) = 80.000.000 \cdot 1{,}019^{x}$.

b) Somit würden wir nach 26 Jahren eine Einwohnerzahl von $f(26) \approx 130.502.471{,}9$ erreichen.

zu **A.7.1.1**:

Die Höhe einer Pflanze (in Metern) wird annäherungsweise durch die Funktion $f(t) = 0{,}02 \cdot e^{k \cdot t}$ beschrieben.

a) Der Startwert kann aus der Funktionsgleichung abgelesen werden: $a = 0{,}02$.

b) $f(6) = 0{,}02 \cdot e^{k \cdot 6} \stackrel{!}{=} 0{,}04 \Leftrightarrow k = 0{,}499$.

c) Die Pflanze ist nach 3 Wochen $f(3) = 0{,}089$ m hoch,

d) Hier ist nach t gefragt. Nach $f(t) = 0{,}02 \cdot e^{0{,}499 \cdot t} \stackrel{!}{=} 2 \Leftrightarrow t = 9{,}22$ hat die Pflanze eine Höhe von 2 m erreicht.

zu **A.7.1.2**: Zu Beginn ist die Pflanze 0,02 m hoch gewesen. Die Frage ist also, wann ist sie 0,04 m hoch? Mit unserer Formel für die Verdopplungszeit folgt, dass sich die Größe der Pflanze bereits nach 1,389 Wochen verdoppelt hat.

$$2 = e^{kt} \Leftrightarrow t = \frac{\ln(2)}{k} = \frac{\ln(2)}{0{,}499} \approx 1{,}389$$

zu Integralrechnung

zu **A.8.3.1**:

a) Zuerst finden wir die Nullstellen raus, damit keine negativen Flächeninhalte mit positiven verrechnet werden: $NS_1(-1|0)$ und $NS_2(1|0)$. Das bedeutet, dass zwischen -1 und 1 die Kurve der Funktion unterhalb der x-Achse verläuft und zwischen 1 und 2 oberhalb. Falls du das nicht auf Anhieb siehst, solltest du dir eine kleine Skizze machen. In diesem Fall handelt es sich um eine Normalparabel, welche um 1 nach unten verschoben ist.

$$\left|\int_{-1}^{1} x^2 - 1\,dx\right| + \left|\int_{1}^{2} x^2 - 1\,dx\right| = \left|\left[\frac{x^3}{3} - x\right]_{-1}^{1}\right| + \left|\left[\frac{x^3}{3} - x\right]_{1}^{2}\right|$$
$$= \left|\left(\frac{1}{3} - 1\right) - \left(\frac{-1}{3} + 1\right)\right| + \left|\left(\frac{8}{3} - 2\right) - \left(\frac{1}{3} - 1\right)\right| = \left|-\frac{4}{3}\right| + \left|\frac{4}{3}\right| = \frac{8}{3}\ \text{[FE]}$$

b) Das Vorgehen ist wie bei a): $NS_1(-3|0)$ und $NS_2(-1|0)$. Bei der Funktion handelt es sich um eine nach unten geöffnete quadratischen Funktion, welche zwischen -3 und -1 oberhalb der x-Achse verläuft. Aus diesem Grund teilen wir das Integral wieder auf und packen die Betragsstriche drum, damit wir den echten Flächeninhalt erhalten:

$$\left|\int_{-4}^{-3} -x^2 - 4x - 3\,dx\right| + \left|\int_{-3}^{-1} -x^2 - 4x - 3\,dx\right| = \left|\left[-\frac{x^3}{3} - 2x^2 - 3x\right]_{-4}^{-3}\right| + \left|\left[-\frac{x^3}{3} - 2x^2 - 3x\right]_{-3}^{-1}\right|$$
$$= \left|\left(\frac{27}{3} - 18 + 9\right) - \left(\frac{65}{3} - 32 + 12\right)\right| + \left|\left(\frac{1}{3} - 2 + 3\right) - \left(\frac{27}{3} - 18 + 9\right)\right| = \left|-\frac{4}{3}\right| + \left|\frac{4}{3}\right| = \frac{8}{3}\ \text{[FE]}$$

zu **A.8.3.2**:

a) Zunächst bestimmen wir die beiden Schnittpunkte der Funktionen. Aus $f(x) = g(x)$ folgen die beiden Schnittpunkte $SP_1(\sqrt{0,5}|2,5)$ und $SP_2(\sqrt{-0,5}|2,5)$. Da der Graph von g über f liegt, folgt für das Integral:

$$\int_{-\sqrt{0,5}}^{\sqrt{0,5}} g(x) - f(x)\,dx = \int_{-\sqrt{0,5}}^{\sqrt{0,5}} -2x^2 + 1\,dx = \left[-\frac{2}{3}x^3 + x\right]_{-\sqrt{0,5}}^{\sqrt{0,5}}$$
$$= \left(-\frac{2}{3}(\sqrt{0,5})^3 + \sqrt{0,5}\right) - \left(-\frac{2}{3}(-\sqrt{0,5})^3 - \sqrt{0,5}\right) = -\frac{4}{3}(\sqrt{0,5})^3 + 2\cdot\sqrt{0,5} \approx 0,94\ \text{[FE]}$$

b) Auch hier schauen wir zunächst, in welchem Punkt sich die Graphen schneiden. In diesem Fall bei $SP(0,5|1,5)$. Hier sollten wir definitiv eine kurze Skizze anfertigen:

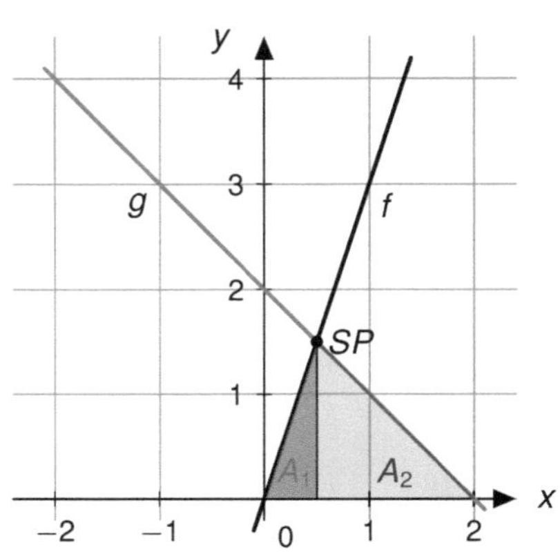

Nun können wir die Fläche, die die beiden Funktionen mit der x-Achse einschließen, bestimmen, in dem wir die Berechnung in zwei Schritte aufteilen. Für A_1 betrachten wir die Funktion f im Bereich zwischen 0 und 0,5 und für A_2 nehmen wir Funktion g im Bereich zwischen 0,5 und 2. Es folgt:

$$\int_0^{0,5} f(x)\,dx + \int_{0,5}^{2} g(x)\,dx = \left[\frac{3}{2}x^2\right]_0^{0,5} + \left[-\frac{1}{2}x^2 + 2x\right]_{0,5}^{2} = \left[\left(\frac{3}{8}\right) - (0)\right] + \left[(-2+4) - \left(-\frac{1}{8}+1\right)\right]$$

Damit beträgt der Flächeninhalt $A_{ges.} = A_1 + A_2 = 1,5$ [FE].

zu Analytische Geometrie

zu **A.9.1.1**: $-\vec{a} = (-2\ \ -2\ \ -4)^T$ und $-\vec{b} = (1\ 3\ \ -2)^T$

zu **A.9.1.2**:

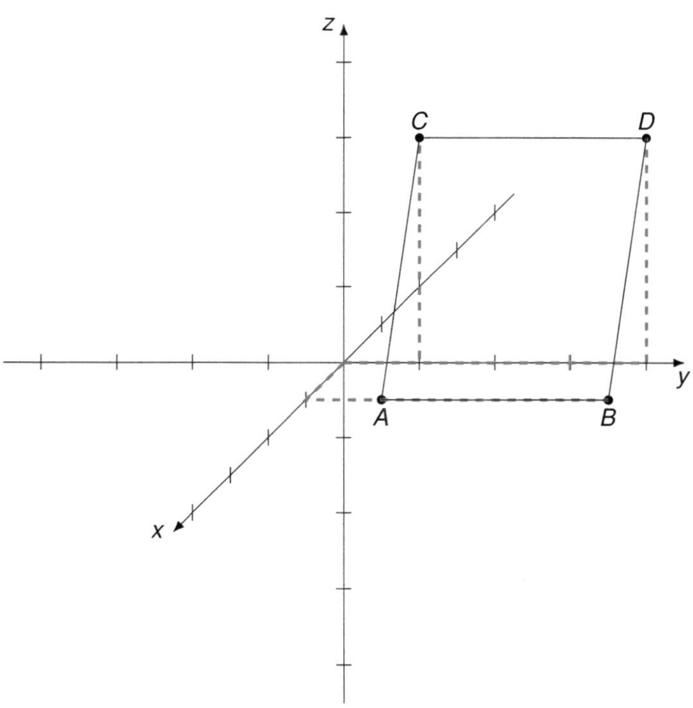

Umfang: $U = 12,324$ [LE]

Flächeninhalt: $A = 9,47$ [FE]

zu **A.9.1.3**:
$\vec{b} = (1\ 4\ 0)^T$,
$\vec{c} = (0\ 1\ 3)^T$,
$\vec{d} = (0\ 4\ 3)^T$

zu **A.9.1.4**:

$$\overrightarrow{AB} = \begin{pmatrix} 1-1 \\ 4-1 \\ 0-0 \end{pmatrix} = \begin{pmatrix} 0 \\ 3 \\ 0 \end{pmatrix},$$

$$\overrightarrow{BC} = \begin{pmatrix} 0-1 \\ 1-4 \\ 3-0 \end{pmatrix} = \begin{pmatrix} -1 \\ -3 \\ 3 \end{pmatrix}$$

zu **A.9.1.5**: Damit die Vektoren orthogonal zueinander stehen, müsste das Skalarprodukt 0 ergeben. Es folgt:

$$\begin{pmatrix} 3 \\ -2 \\ 1 \end{pmatrix} \bullet \begin{pmatrix} 1 \\ 1 \\ 2 \end{pmatrix} = 3 \cdot 1 - 2 \cdot 1 + 1 \cdot 2 = 1 \neq 0 \ ↯$$

Antwort: Die Vektoren sind nicht orthogonal zueinander.

zu **A.9.1.6**: Mit der bekannten Formel folgt

$$\cos(\alpha) = \frac{\vec{a} \bullet \vec{b}}{|\vec{a}| \cdot |\vec{b}|} \Leftrightarrow \alpha \approx 70,89°$$

zu **A.9.2.1**: Aus den Ortsvektoren, eingesetzt in die Ausgangsgleichung für Linearkombinationen, folgt:

$$\begin{array}{llll} \text{I} & 9 & = & r \cdot 1 + s \cdot 1 \quad \Rightarrow s = 9 - r \\ \text{II} & 4 & = & r \cdot 2 + s \cdot 4 \quad \Rightarrow s = 1 - 0{,}5r \\ \text{III} & 11 & = & r \cdot 3 + s \cdot 0 \end{array}$$

Aus I und II folgt: $9 - r = 1 - 0{,}5r \Leftrightarrow r = 16$. Setzen wir diesen Wert in Gleichung I und II folgt, dass $s = -7$ ist. Anschließend setzen wir r und s in die letzte Gleichung ein und erhalten:

$$11 = 16 \cdot 3 + 0 \Leftrightarrow 11 = 48 \ \lightning$$

Da eine falsche Aussage herauskommt, liegt keine Linearkombination vor.

zu **A.9.2.2**: Um zu prüfen, ob die Vektoren linear abhängig sind, stellen wir ein Gleichungssystem und lösen nach den Unbekannten auf:

$$\begin{array}{llll} \text{I} & 0 & = & r \cdot 2 + s \cdot 4 + t \cdot 1 \\ \text{II} & 0 & = & r \cdot 2 + s \cdot 1 + t \cdot 1 \\ \text{III} & 0 & = & r \cdot 3 + s \cdot 1 + t \cdot 1 \end{array}$$

Es liegen unendlich viele Lösungen vor und somit sind die Vektoren linear abhängig.

zu **A.9.3.1**: Die Parameterform lautet

$$g: \vec{x} = \begin{pmatrix} -3 \\ 2 \\ -1 \end{pmatrix} + s \begin{pmatrix} 7 \\ 0 \\ 8 \end{pmatrix}$$

zu **A.9.3.2**: Einsetzen des Punktes in die zuvor bestimmte Geradengleichung und auflösen des Gleichungssystems führt zum gewünschten Ergebnis:

$$\begin{pmatrix} 1 \\ 1 \\ 1 \end{pmatrix} = \begin{pmatrix} -3 \\ 2 \\ -1 \end{pmatrix} + s \begin{pmatrix} 7 \\ 0 \\ 8 \end{pmatrix} \Rightarrow \begin{array}{llll} \text{I} & 1 & = & -3 + 7s \\ \text{II} & 1 & = & 2 + 0 \ \lightning \\ \text{III} & 1 & = & -1 + 8s \end{array}$$

Da in Gleichung II bereits eine falsche Aussage rauskommt, liegt der Punkt nicht auf der Geraden.

zu **A.9.3.3**: Gleichsetzen der Geraden liefert

$$\begin{pmatrix} 4 \\ 5 \\ 0 \end{pmatrix} + s \cdot \begin{pmatrix} 3 \\ -4 \\ 2 \end{pmatrix} = \begin{pmatrix} 6 \\ -6 \\ 23 \end{pmatrix} + t \cdot \begin{pmatrix} -2 \\ 1 \\ 3 \end{pmatrix} \Rightarrow \begin{array}{llll} \text{I} & 4 + 3s & = & 6 - 2t \\ \text{II} & 5 - 4s & = & -6 + t \\ \text{III} & 2s & = & 23 + 3t \end{array}$$

und nach Auflösen des Gleichungssystems erhalten wir den Schnittpunkt $SP(16| - 11|8)$.

zu **A.9.4.1**: Die Ebenengleichung in Parameterform lautet

$$E: \vec{x} = \begin{pmatrix} 2 \\ 3 \\ 4 \end{pmatrix} + t \cdot \begin{pmatrix} 5 \\ 4 \\ 6 \end{pmatrix} + +u \cdot \begin{pmatrix} 2 \\ 2 \\ -3 \end{pmatrix}$$

zu **A.9.4.2**: Auch hier setzen wir die Gerade mit der Ebene gleich und lösen das daraus entstehende LGS:

$$\begin{pmatrix} 2 \\ -3 \\ 2 \end{pmatrix} + r \cdot \begin{pmatrix} 1 \\ -1 \\ 3 \end{pmatrix} = \begin{pmatrix} -3 \\ 1 \\ 1 \end{pmatrix} + s \cdot \begin{pmatrix} 1 \\ -2 \\ -1 \end{pmatrix} + t \cdot \begin{pmatrix} 0 \\ -1 \\ 2 \end{pmatrix} \Rightarrow \begin{array}{lrcl} \text{I} & 2+r & = & -3+s \\ \text{II} & -3-r & = & 1-2s-t \\ \text{III} & 2+3r & = & 1-s+2t \end{array}$$

Wir erhalten als Lösung $r = -3, s = 2$ und $t = -3$. Das bedeutet, die Gerade schneidet die Ebene in einem Punkt. Einsetzen von r in g bzw. von s und t in E liefert den gesuchten Schnittpunkt: $SP(-1|0|-7)$.

zu Stochastik

zu **A.11.1.1** a) Es gibt 36 mögliche Ereignisse:

$$\Omega = \{(1,1),(1,2),(1,3),(1,4),(1,5),(1,6),(2,1),(2,2)\ldots(6,6)\}$$

b) Es gibt 6 günstige Ereignisse:

$$\Omega_{5 \text{ oder } 7} = \{(1,6),(6,1),(2,5),(5,2),(3,4),(4,3)\}$$

zu **A.11.2.1**: Hier solltest du ein Baumdiagramm zeichnen. Denn dann lässt sich die Wahrscheinlichkeit einfach mit Hilfe der Pfadregeln bestimmen! Die Reihenfolge, in der die Socke gezogen werden, ist egal. Die Wahrscheinlichkeit beträgt: $P = \frac{2}{13}$.

zu **A.11.5.1**: $E(X) = 0{,}22$

zu **A.11.5.2**: $\sigma^2 = V(X) = 0{,}0786$

zu **A.11.5.3**: $\sigma = 0{,}2804$

zu **A.11.7.1**: $\mu = E(X) = 5 \cdot 0{,}6 = 3$, $V(X) = 1{,}2$

zu **A.11.7.2**: Eingabe in den Taschenrechner liefert:

$$P(X = 3) = \begin{pmatrix} 5 \\ 3 \end{pmatrix} \cdot 0{,}6^3 \cdot (1 - 0{,}6)^{5-3} = 0{,}3456$$

StudyHelp Lernhefte

Online bestellen auf studyhelp.de/shop

Gemeinsam mit unseren Bildungspartnern bieten wir dir Lernhefte für spezielle Themenbereiche an.

Dabei vereinen wir stets die geschätzte Haptik eines Printprodukts mit den neuartigen Möglichkeiten der Digitalisierung. Vermeintlich komplexe Inhalte werden anschaulich übermittelt und Online-Erklärungen sorgen für ein tiefergehendes Wissen. So steht dir mit jedem Lernheft ein **Rundum-sorglos-Paket** zur Verfügung.

Alle Lernhefte und Ratgeber findest du unter:

#letsrockmathe by Daniel Jung

Daniel Jung ist Deutschlands erfolgreichster Mathe-YouTuber und stellt dir **kostenlos über 2.200 Erklärvideos** auf YouTube zur Verfügung. Nutze seinen Kanal und du wirst nie wieder an Mathe verzweifeln.

Wir wünschen dir viel Erfolg beim Lernen!

Daniel Jung & StudyHelp